高职高专"十四五"规划教材

冶金工业出版社

PPT 的设计与创作教程

主 编 张 伟 李玲俐
副主编 胡 明 陈瑞萍
参 编 廖芳芳 张 芳 林小娟 段进军

扫一扫查看全书
数字资源

U0314668

北 京
冶金工业出版社
2023

内 容 提 要

本书共分三部分。第一部分为方法篇，主要介绍了 PPT 设计方法，包括三章，第一章介绍了 PPT 的本质，第二章介绍了 PPT 设计的五种"武器"，第三章是 PPT 的"四化"设计。第二部分为项目篇，包括五个项目，项目一是主题报告型 PPT 的设计，项目二是说课型 PPT 的设计，项目三是教学课件型 PPT 的设计，项目四是竞赛型 PPT 的设计，项目五是毕业答辩型 PPT 的设计。第三部分为拓展篇，拓展一选取了 20 个 PPT 的常用操作进行讲解演示，拓展二点评了四个 PPT 案例，拓展三列举了六类 PPT 的基本结构，拓展四给出了两个综合性 PPT 的设计任务供学生设计。

本书可作为高职院校计算机及相关专业的教学用书，也可作为企业员工学习 PPT 的参考书。

图书在版编目（CIP）数据

PPT 的设计与创作教程/张伟，李玲俐主编 . —北京：冶金工业出版社，2023.8

高职高专"十四五"规划教材

ISBN 978-7-5024-9360-8

Ⅰ.①P…　Ⅱ.①张…　②李…　Ⅲ.①图形软件—高等职业教育—教材Ⅳ.①TP391.41

中国国家版本馆 CIP 数据核字（2023）第 022679 号

PPT 的设计与创作教程

出版发行	冶金工业出版社	电　话	(010)64027926
地　址	北京市东城区嵩祝院北巷 39 号	邮　编	100009
网　址	www.mip1953.com	电子信箱	service@mip1953.com

责任编辑　王　颖　美术编辑　彭子赫　版式设计　郑小利
责任校对　梅雨晴　责任印制　窦　唯

北京印刷集团有限责任公司印刷

2023 年 8 月第 1 版，2023 年 8 月第 1 次印刷

787mm×1092mm　1/16；11 印张；265 千字；167 页

定价 49.90 元

投稿电话　(010)64027932　投稿信箱　tougao@cnmip.com.cn
营销中心电话　(010)64044283

冶金工业出版社天猫旗舰店　yjgycbs.tmall.com

（本书如有印装质量问题，本社营销中心负责退换）

前　言

　　PowerPoint（以下简称 PPT）设计几乎是各个行业都需要用到的一项技能，也是企业员工应具有的本领之一。也许读者已经学过 Office 办公自动化软件，也许会操作 PPT 软件，但不一定能做出一个优秀的 PPT 作品。编者通过调研发现，很多在校大学生真正需要设计 PPT 作品（如毕业答辩 PPT）时，无法设计出高质量的 PPT 作品，依然会出现无格式、无逻辑、无结构的"三无"PPT。会设计 PPT 并不是会操作 PPT 软件那么简单，而是要把 PPT 作品设计成一个美妙的、有逻辑主线的故事，然后让演讲者根据 PPT 的逻辑讲出这个故事。本书基于"我是 PPT 使用者，而不是 PPT 研究者"的逻辑起点进行编写，淡化PPT 操作，旨在提升使用者的 PPT 设计逻辑思维和创作水平，高效设计"有灵魂"的 PPT 作品。

　　本书包括三部分，参考教学 36 学时。第一部分是方法篇，讲解 PPT 的设计方法，是 PPT 逻辑设计的精髓。方法篇包括三章内容：第一章讲解什么是PPT，帮助学生重新认识 PPT，了解 PPT 设计过程中常见的错误；第二章介绍PPT 设计中常用的五种"武器"，如文字、图表、动画等；第三章是本书的重点，讲解 PPT 设计的"四化"原则，分别是文字图形化、数据图表化、逻辑动画化、图片格式化，实现 PPT 作品的逻辑设计。第二部分是项目篇，通过设计专题 PPT，掌握 PPT 的设计步骤和要点，进一步巩固 PPT 设计的方法体系。项目篇共包括五个项目：项目一以主题报告型 PPT 案例设计为例讲解 PPT 作品从无到有的设计过程，体现 PPT 作品设计的整个流程，包括讲稿撰写、用概念图呈现逻辑设计、PPT 设计、PPT 演讲等；项目二是说课型 PPT 的设计；项目三是教学课件型 PPT 的设计；项目四是竞赛型 PPT 的设计；项目五是学生毕业答辩型 PPT 的设计。第三部分是拓展篇，拓展一列出了 PPT 设计时常用的 20 个操作技能；拓展二选取部分学生的 PPT 作品的部分页面进行点评与设计；拓展三列出了其他常用类型 PPT 的参考结构；拓展四给出了两个综合设计任务供学生设计。

　　本书是国家社会科学基金"十四五"规划 2021 年度教育学一般课题"类型教育视野下职业教育数字教材开发研究"（课题编号：BJA210095）的阶段性研究成果总结。该书的内容呈现形式新颖，用 PPT 形式呈现书中内容，既是教材又是案例，这是本书最大的创新，把技术与逻辑融合在本书内容中，学生既学到了 PPT 设计方法，又学到了案例设计的逻辑结构，有助于学生学习和运用知识。另外，本书应用方式创新，把课堂教学模式与教材应用相结合，把教材融入课堂教学，为课堂教学质量提供保障。

　　本书由佛山职业技术学院张伟、李玲俐任主编，张伟负责全书的规划。具体分工为：张伟编写第一章、第三章（与李玲俐共同编写）、项目一、项目二和项目五，李玲俐编写第二章和拓展篇，胡明编写项目三，陈瑞萍编写项目四，廖芳芳录制拓展一的微课视频，张芳负责书稿的统校工作，林小娟录制项目四和项目五的微课视频，段进军从企业角度为各章节编写提供建议。

　　本书基于近十年教学的实践，在撰写过程中，参考了有关文献资料，在此编者谨向为本书编写提供帮助的专家、教师和有关文献资料作者表示感谢。

　　由于编者水平及案例图片清晰度所限，书中不妥之处，恳请广大读者批评指正。

张 伟

2023 年 6 月于广东佛山

目　录

第一部分　方法篇

第一章　PPT 的本质是什么? ………………………………………………… 3

第一节　什么是PPT? …………………………………………………… 4

第二节　你为什么做不好 PPT? ……………………………………… 9

第三节　让你的 PPT 讲故事 ………………………………………… 14

第四节　PPT 的基本结构 ……………………………………………… 18

第五节　PPT 的模板借鉴 ……………………………………………… 20

第六节　PPT 的设计流程 ……………………………………………… 25

课后作业与拓展 ………………………………………………………… 28

第二章　用好 PPT 的五种"武器" ……………………………………… 30

第一节　PPT"武器":文字 ………………………………………… 31

第二节　PPT"武器":表格 ………………………………………… 33

第三节　PPT"武器":趋势图 ……………………………………… 35

第四节　PPT"武器":图片 ………………………………………… 37

第五节　PPT"武器":动画 ………………………………………… 39

课后作业与拓展 ………………………………………………………… 42

第三章　PPT 的"四化"设计 …………………………………………… 44

第一节　PPT 逻辑性设计 ……………………………………………… 45

第二节　用概念图展示 PPT 逻辑性 ………………………………… 49

第三节　文字图形化设计 ……………………………………………… 50

第四节　数据图表化设计 ……………………………………………… 57

第五节　逻辑动画化设计 ……………………………………………… 61

第六节　图片格式化设计 ……………………………………………… 64

课后作业与拓展 ………………………………………………………… 69

第二部分　项目篇

项目一　主题报告型 PPT 的设计 ……………………………………… 73

任务一　理清 PPT 的逻辑结构 ……………………………………… 74

任务二　撰写主题演讲稿 ……………………………………………… 75

任务三　把演讲稿转换成 PPT("四化"设计) ……………………… 76

任务四　PPT 的优化与汇报 ……………………………………………… 82

课后作业与拓展 ………………………………………………………… 85

项目二　说课型 PPT 的设计 …………………………………………… 86

任务一　说"课程基本信息" ……………………………………………… 87

任务二　说"课程设计" …………………………………………………… 89

任务三　说"课程实施" …………………………………………………… 91

任务四　说"课程资源" …………………………………………………… 93

任务五　说"课程效果" …………………………………………………… 94

任务六　说"课程特色" …………………………………………………… 95

任务七　说"课程反思" …………………………………………………… 97

课后作业与拓展 ………………………………………………………… 98

项目三　教学课件型 PPT 的设计 ……………………………………… 99

任务一　教学课件常见问题分析 ………………………………………… 100

任务二　"四化"原则设计教学课件 ……………………………………… 102

任务三　设计课件 PPT 的总体思路 ……………………………………… 105

项目四　竞赛型 PPT 的设计 …………………………………………… 107

任务一　设计"背景机遇" ………………………………………………… 108

任务二　设计"项目产品服务" …………………………………………… 109

任务三　设计"市场分析" ………………………………………………… 109

任务四　设计"项目运营" ………………………………………………… 110

任务五　设计"项目实践与成果" ………………………………………… 111

任务六　设计"项目推广复制" …………………………………………… 111

任务七　设计"项目价值" ………………………………………………… 112

任务八　设计"风险与对策" ……………………………………………… 112

任务九　设计"团队协作" ………………………………………………… 113

项目五　毕业答辩型 PPT 的设计 ……………………………………… 114

任务一　确定毕业答辩 PPT 的基本结构 ………………………………… 115

任务二　提出要研究的问题 ……………………………………………… 115

任务三　概念界定 ………………………………………………………… 116

任务四　研究目标与内容 ………………………………………………… 116

任务五　研究过程与方法 ………………………………………………… 117

任务六　研究结论与创新点 ……………………………………………… 119

课后作业与拓展　毕业设计答辩 PPT 设计 …………………………… 120

第三部分　拓展篇

拓展一　PPT 基本操作及常见问题 ……………………………………… 123

拓展二　PPT 案例点评与优化设计 ·· 137

案例一　"急救系列" PPT 点评 ······································ 138

案例二　"课程运行报告" PPT 点评 ·································· 144

案例三　"佛职院要在全国出名了" PPT 点评 ······················ 149

案例四　"古诗动画" PPT 点评 ······································ 153

拓展三　其他类型 PPT 结构 ·· 155

结构一　工作总结型 PPT 基本结构 ·································· 156

结构二　述职报告型 PPT 基本结构 ·································· 157

结构三　职位晋升型 PPT 基本结构 ·································· 158

结构四　公司简介型 PPT 基本结构 ·································· 160

结构五　商业策划书型 PPT 基本结构 ································ 161

结构六　毕业答辩型 PPT 基本结构 ·································· 162

拓展四　PPT 综合设计任务 ·· 164

综合设计任务一　红色影视剧观后感 PPT 设计 ···················· 165

综合设计任务二　垃圾分类公益宣传 PPT 设计 ···················· 166

参考文献 ·· 167

第一部分
方 法 篇

第一章　PPT 的本质是什么?

内容结构

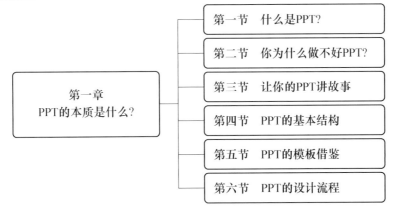

第一章
PPT的本质是什么?

第一节　什么是PPT?

第二节　你为什么做不好PPT?

第三节　让你的PPT讲故事

第四节　PPT的基本结构

第五节　PPT的模板借鉴

第六节　PPT的设计流程

学习目标

◆　了解 PPT 的本质属性,建立对 PPT 的全新认知。
◆　了解常见的 PPT 设计误区。
◆　知道 PPT 作品的基本结构。
◆　掌握 PPT 设计的基本流程。
◆　掌握 PPT 模板借鉴的方法。

学习重点

◆　PPT 设计的核心是逻辑性设计。
◆　PPT 模板的应用方法。

学习建议

◆　学习之前,学生首先基于自己原有的认知设计 PPT 作品。
◆　学习过程中,每学习一个内容可对照之前的 PPT 作品,反思设计过程。
◆　日常学习中,多积累 PPT 模板。
◆　本书用 PPT 的形式展示学习内容,既是学习内容,又是参考案例。

学前热身

这一章主要了解 PPT 的本质,你可以先想想,在下面写出你认为的 PPT 本质。

_____

_____

>>> "PPT的设计与创作"

第一节 什么是PPT?

佛山职业技术学院　张伟

什么是 PPT? 第一节首先认识 PPT。

首先从 PPT 的名字出发, 对其名称进行解剖, 进而推理出 PPT 的内涵。在推理过程中了解 PPT。看看是否与读者的认知一致。

>>>方法篇 >>第一章 PPT的本质是什么?

| 第一节 | 什么是PPT? |

PPT设计

设计什么?　为谁设计?　如何设计?

FSPT

提到 PPT 设计, 要思考三个问题:

(1) PPT 设计什么, 即如何选择和组织 PPT 内容;

(2) PPT 为谁设计, 即 PPT 是给谁看的, 用途是什么, 适合什么场合;

(3) 如何设计 PPT, 用到什么功能, 有什么技巧, 会不会有捷径。

>>>方法篇 >>第一章 PPT的本质是什么?

| 第一节 | 什么是PPT? |

PowerPoint演示文稿

思考: 微软公司把该软件命名为"PowerPoint演示文稿", 什么用意呢?

FSPT

PPT 是一款办公自动化软件, 是 Office 办公系列软件之一, 全名为 "PowerPoint 演示文稿", 缩写成 PPT。中文名字叫 "幻灯片" 或 "演示文稿"。一般与投影仪配合使用, 通常用于教学、培训、会议、宣传等。

它为什么叫 "PowerPoint 演示文稿"?

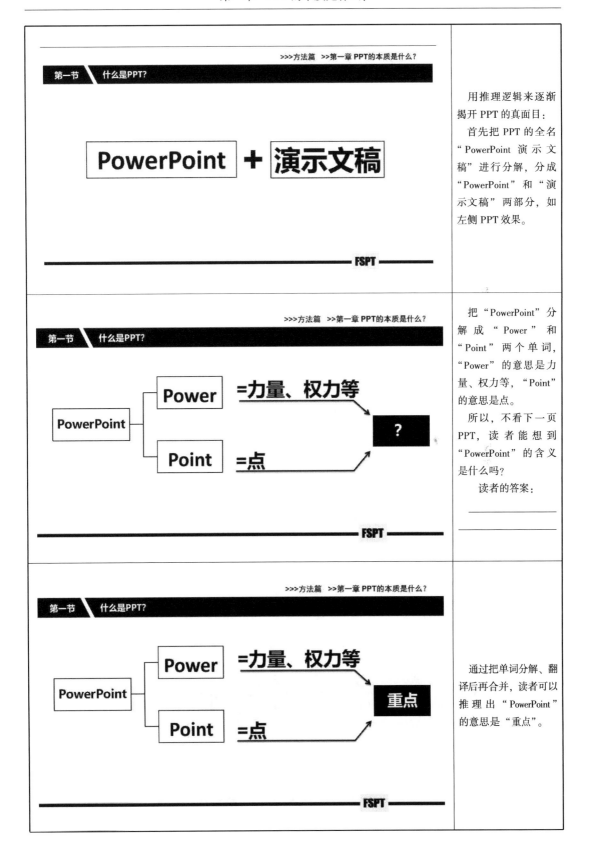

>>>方法篇 >>第一章 PPT的本质是什么?

第一节 什么是PPT?

PowerPoint + 演示文稿

FSPT

用推理逻辑来逐渐揭开 PPT 的真面目:

首先把 PPT 的全名"PowerPoint 演示文稿"进行分解,分成"PowerPoint"和"演示文稿"两部分,如左侧 PPT 效果。

>>>方法篇 >>第一章 PPT的本质是什么?

第一节 什么是PPT?

PowerPoint — Power =力量、权力等

Point =点

?

FSPT

把"PowerPoint"分解成"Power"和"Point"两个单词,"Power"的意思是力量、权力等,"Point"的意思是点。

所以,不看下一页 PPT,读者能想到"PowerPoint"的含义是什么吗?

读者的答案:

>>>方法篇 >>第一章 PPT的本质是什么?

第一节 什么是PPT?

PowerPoint — Power =力量、权力等

Point =点

重点

FSPT

通过把单词分解、翻译后再合并,读者可以推理出"PowerPoint"的意思是"重点"。

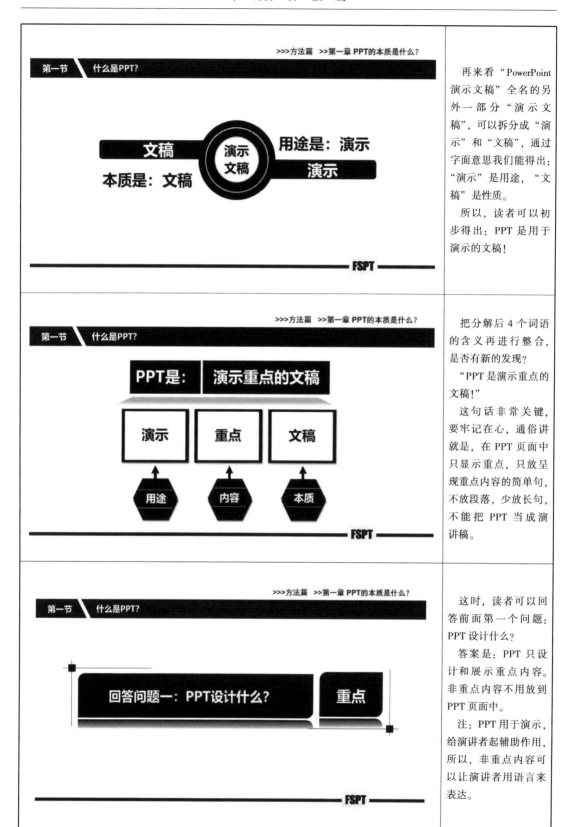

再来看"PowerPoint 演示文稿"全名的另外一部分"演示文稿",可以拆分成"演示"和"文稿",通过字面意思我们能得出:"演示"是用途,"文稿"是性质。

所以,读者可以初步得出:PPT 是用于演示的文稿!

把分解后 4 个词语的含义再进行整合,是否有新的发现?

"PPT 是演示重点的文稿!"

这句话非常关键,要牢记在心,通俗讲就是,在 PPT 页面中只显示重点,只放呈现重点内容的简单句,不放段落,少放长句,不能把 PPT 当成演讲稿。

这时,读者可以回答前面第一个问题:PPT 设计什么?

答案是:PPT 只设计和展示重点内容。非重点内容不用放到 PPT 页面中。

注:PPT 用于演示,给演讲者起辅助作用,所以,非重点内容可以让演讲者用语言来表达。

第一节　什么是PPT?

思考

创作PPT的根本目的是什么?

◆ 创作PPT的目的是什么?
◆ PPT要给谁传递信息?
◆ PPT一般应用于什么场合?

FSPT

读者再思考一个问题:

创作 PPT 的根本目的是什么?

你可以思考一下,然后在下面写出你的答案。

第一节　什么是PPT?

PPT
的应用

工作汇报	产品推广	······
上课教学	公开演讲	成果演示
员工培训	开题与答辩	资源创作

FSPT

读者首先来看 PPT 的用途,即 PPT 一般会应用于什么场所,如上课教学、员工培训、工作汇报、公开演讲、产品推广等,在这些场所中,是否必须要用 PPT?

其实也不是必须用,只是用了 PPT 后会达到更好的效果,对不对?

第一节　什么是PPT?

沟通　表达　演讲

目的: 促进更有效的沟通、演讲、表达!

FSPT

PPT 对演讲的作用是辅助性的,用 PPT 演讲会提高演讲的效果,如逻辑清晰、过程流畅等,所以,明确一点:创作 PPT 的根本目的是促进更有效地沟通、演讲与表达。这也呼应了前文讲的,PPT 只展示重点内容,而重点内容体现在主题框架和逻辑等方面,所以,不能把 PPT 设计成演讲稿。

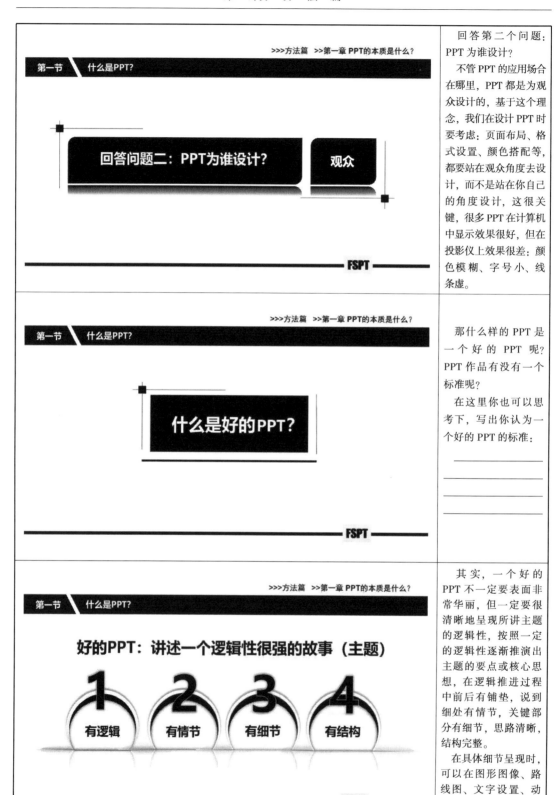

第一节 　什么是PPT?

回答问题二：PPT为谁设计？　　观众

FSPT

回答第二个问题：PPT为谁设计？

不管 PPT 的应用场合在哪里，PPT 都是为观众设计的，基于这个理念，我们在设计 PPT 时要考虑：页面布局、格式设置、颜色搭配等，都要站在观众角度去设计，而不是站在你自己的角度设计，这很关键，很多 PPT 在计算机中显示效果很好，但在投影仪上效果很差：颜色模糊、字号小、线条虚。

第一节 　什么是PPT?

什么是好的PPT?

FSPT

那什么样的 PPT 是一个好的 PPT 呢？PPT 作品有没有一个标准呢？

在这里你也可以思考下，写出你认为一个好的 PPT 的标准：

──────

──────

──────

第一节 　什么是PPT?

好的PPT：讲述一个逻辑性很强的故事（主题）

1 有逻辑　2 有情节　3 有细节　4 有结构

FSPT

其实，一个好的 PPT 不一定要表面非常华丽，但一定要很清晰地呈现所讲主题的逻辑性，按照一定的逻辑性逐渐推演出主题的要点或核心思想，在逻辑推进过程中前后有铺垫，说到细处有情节，关键部分有细节，思路清晰，结构完整。

在具体细节呈现时，可以在图形图像、路线图、文字设置、动画设置等方面选择最优方案。

>>>方法篇　>>第一章 PPT的本质是什么？

第一节　什么是PPT？

- 逻辑性是PPT设计与制作的核心
- PPT是围绕逻辑主题展示重点内容
- PPT通过技术操作、符号、文字、动画、图表及美工色彩等实现

美工　重点　符号　逻辑　文字　演示　技术

FSPT

简单做个小结：

（1）逻辑性设计是 PPT 设计与创作的核心和灵魂；

（2）PPT 一定是围绕这个逻辑主题展示重点内容；

（3）如何呈现 PPT 的重点呢？可以采用符号、技术、美工、动画等实现，这个内容后面会重点介绍。

>>>方法篇　>>第一章 PPT的本质是什么？

第一节　什么是PPT？

回答问题三：PPT如何设计？　　逻辑性

FSPT

回答第三个问题：PPT 如何设计？

答案也很明确了，围绕主题的逻辑性进行设计，包括如何做铺垫，如何细说关键点，如何美化各种 PPT 元素等。

关于逻辑性这个概念，如果还不明白也没有关系，在本书后面的项目设计时再慢慢体会。

>>> "PPT的设计与创作"

第二节 你为什么做不好PPT？

佛山职业技术学院　　张伟

很多 PPT 设计者做不好 PPT，或者说对自己的 PPT 作品很不满意，其实是有原因的，第二节主要来分析这些原因，读者也思考下是否也有这方面的原因？

>>> 方法篇　>>第一章 PPT的本质是什么？

| 第二节 | 你为什么做不好PPT？ |

从一个真实案例说起

我校公开招聘事业编制人员，笔试过后，林某进入第二轮（笔试排名第二），因为林某的语言表达能力不好，没人看好他，竞争对手也低估了他。

但林某设计了一个超高质量的讲课PPT，让评委眼前一亮，占得先机，然后凭借平稳、不急不躁、无失误的表达完成试讲，面试成绩超过第二名6分，最终实现逆袭，成功考取事业编制。

FSPT

先从一个真实案例说起，请阅读左侧PPT中的小故事吧。

>>> 方法篇　>>第一章 PPT的本质是什么？

| 第二节 | 你为什么做不好PPT？ |

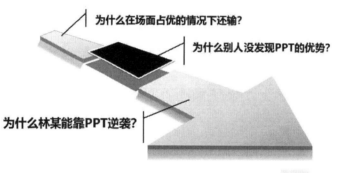

为什么在场面占优的情况下还输？

为什么别人没发现PPT的优势？

为什么林某能靠PPT逆袭？

FSPT

你可以思考左侧的三个问题，然后把想到的答案写下来：

_____
_____
_____
_____
_____

>>> 方法篇　>>第一章 PPT的本质是什么？

| 第二节 | 你为什么做不好PPT？ |

回想

你是否也犯这些PPT设计错误？

◆ 文字搬家，一片片"文字墙"
◆ 元素直接粘贴，格式未设置
◆ PPT无结构无逻辑
◆ PPT颜色搭配混乱

FSPT

在上述案例中，林某是依靠PPT来逆袭的，他的竞争者在用PPT讲课时就犯了一些错误，而这些错误是每一位PPT初学者都可能会犯的，在这里简单说明。

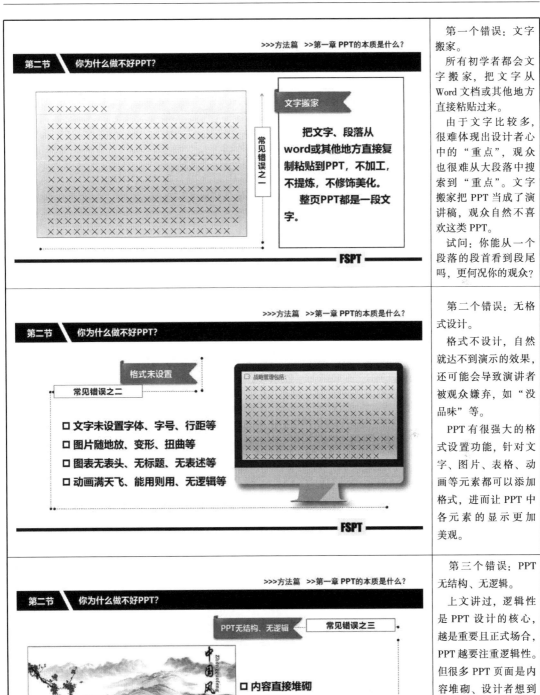

第一个错误：文字搬家。

所有初学者都会文字搬家，把文字从Word文档或其他地方直接粘贴过来。

由于文字比较多，很难体现出设计者心中的"重点"，观众也很难从大段落中搜索到"重点"。文字搬家把PPT当成了演讲稿，观众自然不喜欢这类PPT。

试问：你能从一个段落的段首看到段尾吗，更何况你的观众？

第二个错误：无格式设计。

格式不设计，自然就达不到演示的效果，还可能会导致演讲者被观众嫌弃，如"没品味"等。

PPT有很强大的格式设置功能，针对文字、图片、表格、动画等元素都可以添加格式，进而让PPT中各元素的显示更加美观。

第三个错误：PPT无结构、无逻辑。

上文讲过，逻辑性是PPT设计的核心，越是重要且正式场合，PPT越要注重逻辑性。但很多PPT页面是内容堆砌、设计者想到什么就设计什么、页面之间无逻辑关系。

逻辑性缺失会使观众认为演讲者的思路混乱、前后不呼应、内容零散无序，给观众留下不好的印象。

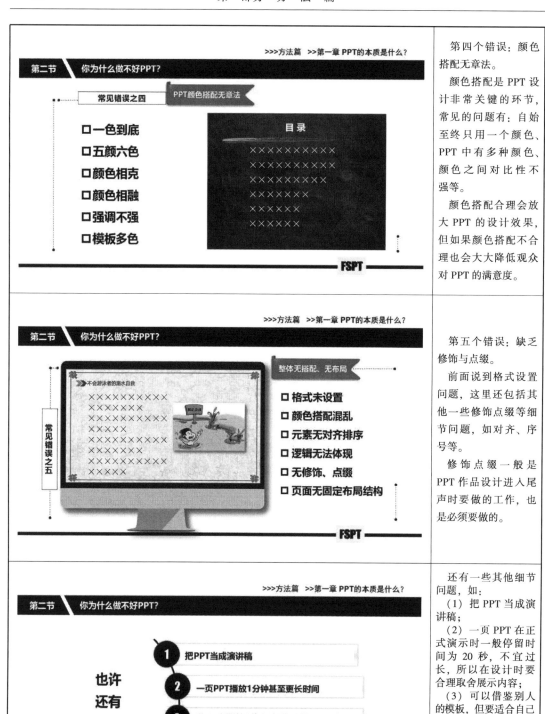

第二节　你为什么做不好PPT?

常见错误之四　PPT颜色搭配无章法

□ 一色到底
□ 五颜六色
□ 颜色相克
□ 颜色相融
□ 强调不强
□ 模板多色

目录

×××××××××××
×××××××××××
×××××××××
×××××××××
×××××××××
×××××××××

FSPT

第四个错误:颜色搭配无章法。

颜色搭配是 PPT 设计非常关键的环节,常见的问题有:自始至终只用一个颜色、PPT 中有多种颜色、颜色之间对比性不强等。

颜色搭配合理会放大 PPT 的设计效果,但如果颜色搭配不合理也会大大降低观众对 PPT 的满意度。

第二节　你为什么做不好PPT?

整体无搭配、无布局

不会游泳者的溺水自救

×××××××××××
×××××××××××
×××××××××××
×××××××××××
×××××××××××
×××××××××××

常见错误之五

□ 格式未设置
□ 颜色搭配混乱
□ 元素无对齐排序
□ 逻辑无法体现
□ 无修饰、点缀
□ 页面无固定布局结构

FSPT

第五个错误:缺乏修饰与点缀。

前面说到格式设置问题,这里还包括其他一些修饰点缀等细节问题,如对齐、序号等。

修饰点缀一般是 PPT 作品设计进入尾声时要做的工作,也是必须要做的。

第二节　你为什么做不好PPT?

也许
还有
原因

1　把PPT当成演讲稿

2　一页PPT播放1分钟甚至更长时间

3　喜欢套用别人模板,但与自己主题不搭配

4　PPT在计算机上清晰,但不考虑PPT播放的效果

FSPT

还有一些其他细节问题,如:
(1) 把 PPT 当成演讲稿;
(2) 一页 PPT 在正式演示时一般停留时间为 20 秒,不宜过长,所以在设计时要合理取舍展示内容;
(3) 可以借鉴别人的模板,但要适合自己的主题,不能随便套用;
(4) PPT 设计需要考虑投影效果。

也许读者还有一些认识的误区，提醒如下：

（1）不要放太多内容，要留天留地；

（2）不要"眼红"别人的华丽PPT；

（3）不要过分看重PPT的"颜值"；

（4）不要过分依赖技术，技术越高越有可能出故障。

这些误区，我们要逐步消除，首先从思想上成为一名优秀的PPT设计者。

PPT设计能力提升是一个持续的过程，第一个层次是套模板，即学会套用已有的PPT模板；第二个层次是拼技术，即熟练掌握PPT设计技术，如格式设置、动画选择等；第三个层次是比设计，即页面布局、颜色调配等，第四个层次是讲逻辑，最后是所有技术融会贯通。

作为初学者，读者要先从套模板开始。

从现在开始，我们的PPT学习分三步开展。

第一步：大家收集PPT模板，包括整个PPT模板及一些用于展示的图形图像等。

第二步：练习提炼段落文字，学会用简单句或关键词表达。

第三步：利用文字图形化等设计原则呈现内容。

> > > "PPT的设计与创作"

第三节 让你的PPT讲故事

佛山职业技术学院　　张伟

第三节如何做到让你的PPT讲故事呢？

前面说过，好的PPT就是讲一个逻辑性很强的故事，这一节简单讲解这个问题。

> > > 方法篇　>>第一章 PPT的本质是什么？

第三节　让你的PPT讲故事

观点　什么是好的PPT？

好的PPT就是讲一个逻辑性很强的故事！

1 有逻辑　　**2** 有情节　　**3** 有细节　　**4** 有结构

FSPT

PPT该从哪些方面来讲好这个故事呢？读者可以在下面写出对这个问题的理解：

_____

_____

_____

_____

> > > 方法篇　>>第一章 PPT的本质是什么？

第三节　让你的PPT讲故事

有一个能抓人眼球的标题

标题给观众的吸引力要大

FSPT

讲好故事第一个要点是：有一个吸引人眼球的标题，通过标题来吸引观众的注意力，进而对你的演讲充满期待。

>>>方法篇　>>第一章 PPT的本质是什么？

第三节　让你的PPT讲故事

诚信 ➡ 诚信

FSPT

　案例：有个关于"诚信"的PPT，如果标题只写"诚信"二字，其实是很平淡的；但如果把"诚信"二字的内涵也呈现在字上就很有意思了，如"诚"重在言行，"信"重在尺度，会大大提高二字的感染力。

>>>方法篇　>>第一章 PPT的本质是什么？

第三节　让你的PPT讲故事

诚信 ➡ 诚信

FSPT

　或者把"诚信"设计成左图样式，在"言"字相同的情况下，突出"诚信"与"成人"的关系，这个设计是不是同样有吸引力呢？你还能想到其他设计吗？

　针对这种手法，你还能想到什么字或词呢？

>>>方法篇　>>第一章 PPT的本质是什么？

第三节　让你的PPT讲故事

 **副标题点破故事情节**
副标题有时候是必需的

FSPT

　在标题表达上，也可以采用"主标题＋副标题"的组合方式，主标题用来渲染情感，副标题用来点破故事情节或内容。

>>>方法篇　>>第一章 PPT的本质是什么？

第三节　让你的PPT讲故事

我和美食有个约会

——佛山顺德美食誉华夏

FSPT

左侧是一个很好的例子，主标题能很好地吸引眼球，也向消费者传递了很浓的情感，然后副标题点出具体产品——顺德美食。

这种主标题+副标题的方式是有效的，同学们可以采纳这种方式。

>>>方法篇　>>第一章 PPT的本质是什么？

第三节　让你的PPT讲故事

PPT表达用简单完整句

简单完整句的分量更重

FSPT

PPT 是用来演示重点内容的文稿，那如何体现"重点"二字呢？需要在 PPT 页面上放简单完整句，用最简单的语言呈现出主题逻辑和重点内容。

有时候也可以用一个词或短语。

>>>方法篇　>>第一章 PPT的本质是什么？

第三节　让你的PPT讲故事

PPT尽量用简单完整句　**01**

02　句子结构完整：主谓（宾）

用简单句展示重点

要完整表达观点和结论　**04**

03　观点不怕错，怕模糊
句子短，做到完整表达

FSPT

左侧从四个方面解释了什么是简单完整句。

今后在 PPT 页面中陈述内容时，要尝试把一段话提炼成一句话，把一句话保留成简单句，即只有主谓宾结构的句子。

| 第三节 | 让你的PPT讲故事 |

PPT结构：总分总

讲的故事要有逻辑结构

FSPT

再看 PPT 的结构：总-分-总。

这个好理解，一个完整的 PPT 一定要有个完整的结构。

| 第三节 | 让你的PPT讲故事 |

PPT设计的结构：		
PPT最实用的结构应该是 总分总	总	概述，给听众一个全局感
	分	把分论点制作成页标题
	总	回顾内容、整理逻辑、提出最终的结论、计划下一步工作等

FSPT

左侧页面解释了"总分总"的含义。第一个"总"是在 PPT 演示开始时，给观众一个全局感，一般用"展示目录+简单语言解释"来呈现。

"分"就是把主题逐渐分解成多个页面，用不同的表现形式呈现出来。

第二个"总"一般是总结。

具体结构在下一节进行详细介绍。

| 第三节 | 让你的PPT讲故事 |

你的PPT永远是为观众服务，设计时始终都要"换位思考"

一个PPT只为一类人服务，针对不同观众制作不同层次内容

只讲一个重点，不要试图在某个PPT中既讲技术，又讲管理

服务　层次　明确需求　重点　场合　母板

演示PPT的场合非常重要，是一对一？一对多？还是公开演讲？

母板设计要迎合PPT的受众

FSPT

要让 PPT 讲好故事，其必须是为观众设计的，在设计 PPT 前要明确基本需求，包括演示场合、观众层次等，学会换位思考，你的演讲主题才能引起观众的注意力，引起共鸣。

>>> "PPT的设计与创作"

第四节 PPT的基本结构

佛山职业技术学院　张伟

第四节简单介绍一个完整 PPT 作品的基本结构。

>>>方法篇　>>第一章 PPT的本质是什么？

第四节　PPT的基本结构

| 封面 | 引言 | 目录 |
| 过渡页 | 内容页 | 封底 |

FSPT

左侧呈现了一个 PPT 作品应该有六个基本结构，包括封面、引言、目录、过渡页、内容页和封底，其中"引言"也可以让演讲者通过语言来表达。

>>>方法篇　>>第一章 PPT的本质是什么？

第四节　PPT的基本结构

Logo	标题
封面	
日期	演讲者

FSPT

封面是 PPT 给观众的第一印象，总体来说要大气些，设计风格要紧扣你的主题，如你的 PPT 主题是汇报一种美食，则 PPT 风格应该是温馨的、有美食素材来点缀的。

封面一般放 Logo、标题、日期及演讲者姓名等信息。

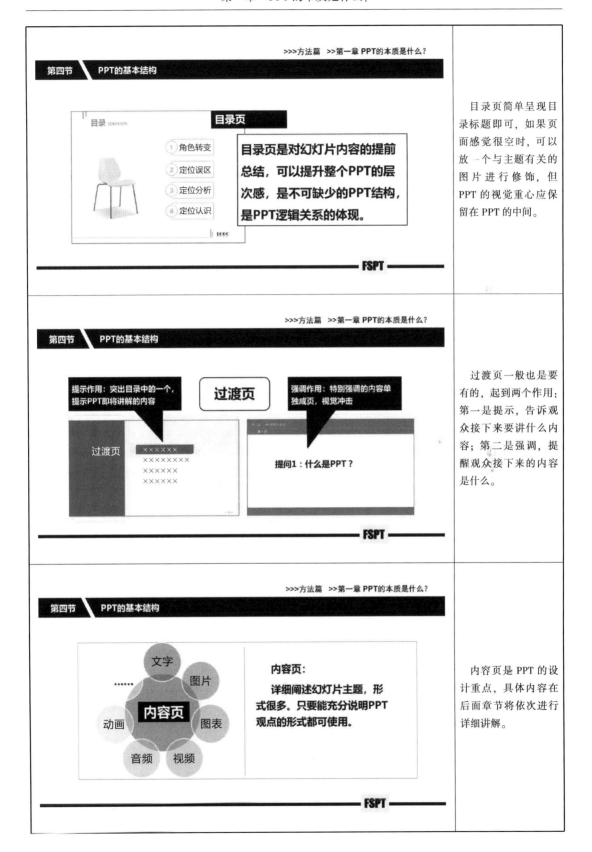

封底：提醒观众PPT演讲结束，一般呈现感谢语、启发问题等。

　　封底一般在 PPT 结尾，向观众表示感谢等。这里很简单，也很好理解，不再多讲。

>>> "PPT的设计与创作"

第五节 PPT的模板借鉴

佛山职业技术学院　张伟

　　第五节是 PPT 的模板借鉴。前面讲到 PPT 学习与提升有五个层次，第一个层次是套模板，所以，这里先简单讲述什么是模板借鉴及如何借鉴。

>>>方法篇　>>第一章 PPT的本质是什么？

第五节　　PPT的模板借鉴

别人优秀的PPT是怎么设计的？

□ 并不是PPT的每个元素都需要我们亲自去设计
□ 借鉴他人的元素也是一种高效的设计方式

FSPT

　　回想：做 PPT 的目的是促进有效沟通、演讲与表达，用最简单、最直观的方式传递信息，在 PPT 中放文字、图片、动画、流程图、数据、视频、音频等。
　　思考：这些都需要设计者亲自来设计吗？如果需要，那每一位设计者岂不是成 PPT 技术专家了？不可取！
　　自我定位：我们是 PPT 的使用者，不是 PPT 研究者。
　　方法：借鉴已有的优秀模板，事半功倍！

>>>方法篇　>>第一章 PPT的本质是什么？

第五节　PPT的模板借鉴

封面的借鉴

(1) 每一页PPT中都呈现的内容放在母版。
(2) PPT固定版式在母版中设计。

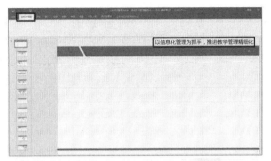

FSPT

封面借鉴：在互联网中选择一个开放的、免费的、自己满意的PPT模板，然后把该模板放到"幻灯片母版"中。这个模板不需要自己设计，只需要去搜索即可，当然，最好在模板上添加一些与演讲主题有关的元素，如Logo、背景底纹、修饰点缀等。

由于"幻灯片母版"是PPT的另外一个视图，也有设计者可能会在"幻灯片母版"视图中添加内容，所以，设计好"幻灯片母版"后，记得关闭该视图模式。

>>>方法篇　>>第一章 PPT的本质是什么？

第五节　PPT的模板借鉴

目录页的借鉴

目录不仅仅是文字，还可以文字和图片搭配，但图片与文字体现同一个含义。

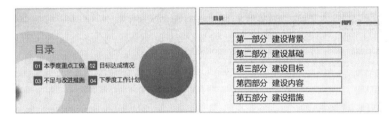

FSPT

专门针对PPT目录，读者能找到很多模板可以套用，而且也完全可以根据你自己的主题来选择可套用模板。

有了可借鉴的目录模板，还需要自己去设计吗？当然不用了。

读者可以节省很多时间去认真研究主题内容、提炼简单句、思考简单句的呈现形式、提炼主题逻辑等。讲到这里，读者应该行动起来，去搜索、收集那些满意的目录模板了。

>>>方法篇　>>第一章 PPT的本质是什么？

第五节　PPT的模板借鉴

过渡页的借鉴

1.提醒观众接下来的演讲内容
2.能体现接下来的演讲内容在整个PPT中的地位

FSPT

过渡页模板也同样可以借鉴套用，但要记住修改内容和修饰元素，与演讲主题呼应。

>>>方法篇　>>第一章 PPT的本质是什么？

第五节　　PPT模板借鉴

■ 内容页的借鉴

从段落文字中提取关键词，然后放到借鉴的图形中

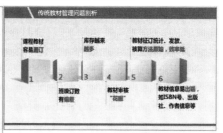

内容页的模板形式多样，通过下面几个案例先体会下"文字图形化"的含义，这在本书的后面章节中进行详细讲解。

>>>方法篇　>>第一章 PPT的本质是什么？

第五节　　PPT的模板借鉴

■ 内容页的借鉴

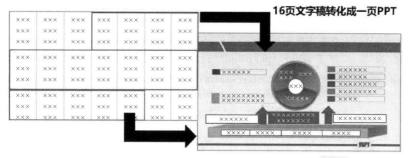

16页文字稿转化成一页PPT

左侧页面是几个模板整合在一起的效果，用一个组合图把十六页的 Word 解说稿整合在一页 PPT 中，这个组合图中有自己添加的图形，也有借鉴的图形。

>>>方法篇　>>第一章 PPT的本质是什么？

第五节　　PPT模板借鉴

■ 内容页的借鉴

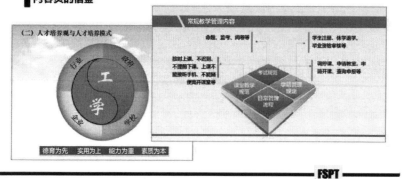

PPT 页面中文字数量少，但页面显示的信息量还是很大的，而这些信息要依靠演讲者的语言来传达。

再次强调：PPT 页面只显示重点内容。

>>>方法篇　>>第一章 PPT 的本质是什么？

第五节　PPT的模板借鉴

内容页的借鉴

图什么？　　**产业学院：**

最早追溯到英国所倡导并于2000年正式运营的产业大学。由公共部门和私人部门共同创造，通过现代化网络和通信技术，向社会提供高质量的学习产品及服务的开放式远程学习组织，是学习者和学习产品之间的中介机构。

办学宗旨：为提高企业生产力和竞争力，提高个人知识力和就业力提供教育服务　　**类似于现代的网络学习平台，并非严格意义上的大学**

FSPT

左图是一个定义解释，它不仅仅是放一段文字，还增加了底纹和图形修饰，整个页面图文布局比较合理，视觉传达效果较好。

>>>方法篇　>>第一章 PPT 的本质是什么？

第五节　PPT的模板借鉴

内容页的借鉴

甲　｜　实践教学基地

乙　｜　"政府、学校、行业和企业"多方联合运营

丙　｜　产教融合的新形式

丁　｜　产业学院的内涵超越了基地

FSPT

用圆圈和竖线的图形组合呈现了4位学者关于"产业学院"的关键论点，画面感较好。

>>>方法篇　>>第一章 PPT 的本质是什么？

第五节　PPT的模板借鉴

内容页的借鉴

A　新型学校组织

B　大学组织的一种创新形式

C　新型跨组织载体

D　新的特色组织

FSPT

用人的简易图和填充箭头的图形组合呈现了4位学者关于"新型组织"的关键论点，布局比较合理。

>>>方法篇 >>第一章 PPT的本质是什么？

第五节　PPT的模板借鉴

■ 内容页的借鉴

现代产业学院的特征：精准对接产业结构调整和产业转型升级带来的人才需求变化，以新理念、新模式、新课程、新方法、新评价推动职业教育改革

FSPT

从一段文字中提取了"理念""模式""课程""方法""评价"等核心关键词，并单独呈现，增加对观众的视觉冲击。

>>>方法篇 >>第一章 PPT的本质是什么？

第五节　PPT的模板借鉴

■ 内容页的借鉴

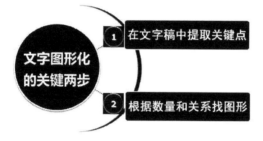

FSPT

左侧 PPT 展示了关键的两个步骤，步骤用简单句呈现，很简洁、很清晰。

而且这两个步骤的内容可以先记住，这是本书后面讲"文字图形化"设计原则的核心要领。

>>>方法篇 >>第一章 PPT的本质是什么？

第五节　PPT的模板借鉴

■ 封底页的借鉴

FSPT

封底的模板借鉴较为简单，表达感谢即可。

只有一个要求，就是页面风格与 PPT 主体风格保持一致。

PPT 的设计有相对固定的流程,第六节简单陈述 PPT 的设计流程。

第一步是确定 PPT 的主题,包括 PPT 模板、色调、标题、用途、应用场合等。

可以根据前文讲的内容,给 PPT 设计一个吸引观众眼球的标题。

第二步是明确 PPT 的观众,即观众是哪一类人,如大学生、单位领导、行业专家等,这关系到 PPT 的内容选取与组织。

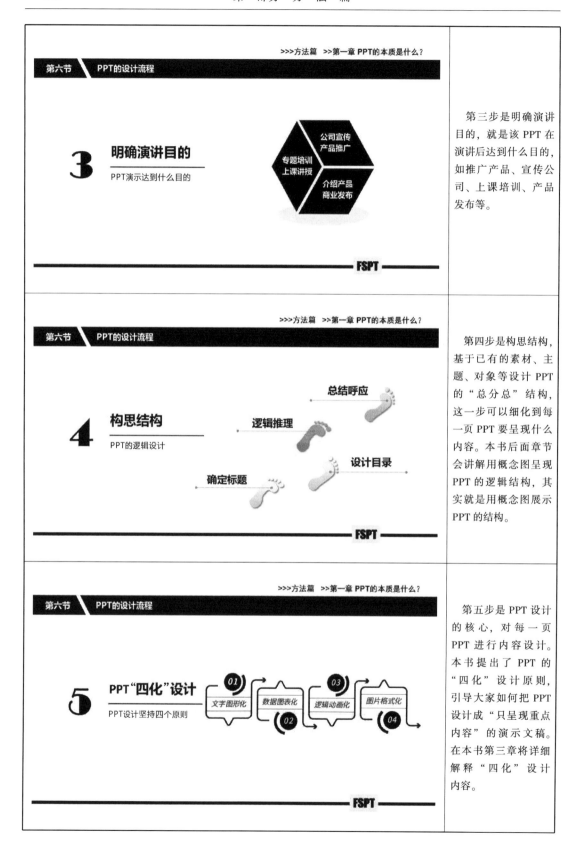

>>>方法篇　>>第一章 PPT的本质是什么？

第六节　PPT的设计流程

3 明确演讲目的
PPT演示达到什么目的

公司宣传
产品推广

专题培训
上课讲授

介绍产品
商业发布

FSPT

第三步是明确演讲目的，就是该 PPT 在演讲后达到什么目的，如推广产品、宣传公司、上课培训、产品发布等。

>>>方法篇　>>第一章 PPT的本质是什么？

第六节　PPT的设计流程

4 构思结构
PPT的逻辑设计

总结呼应

逻辑推理

设计目录

确定标题

FSPT

第四步是构思结构，基于已有的素材、主题、对象等设计 PPT 的"总分总"结构，这一步可以细化到每一页 PPT 要呈现什么内容。本书后面章节会讲解用概念图呈现 PPT 的逻辑结构，其实就是用概念图展示 PPT 的结构。

>>>方法篇　>>第一章 PPT的本质是什么？

第六节　PPT的设计流程

5 PPT"四化"设计
PPT设计坚持四个原则

01 文字图形化　02 数据图表化　03 逻辑动画化　04 图片格式化

FSPT

第五步是 PPT 设计的核心，对每一页 PPT 进行内容设计。本书提出了 PPT 的"四化"设计原则，引导大家如何把 PPT 设计成"只呈现重点内容"的演示文稿。在本书第三章将详细解释"四化"设计内容。

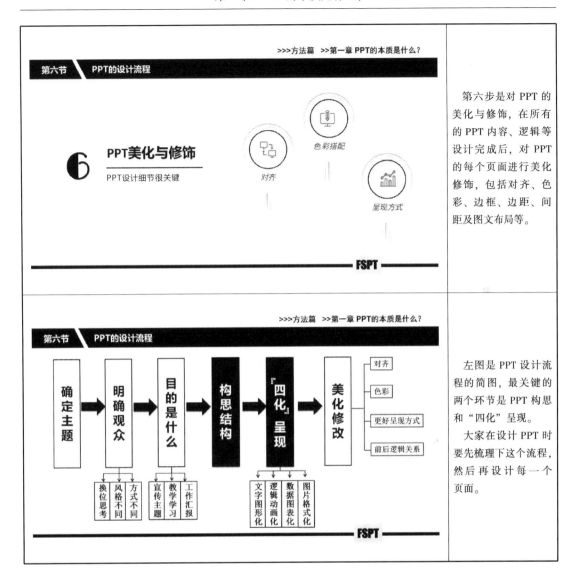

第六节　PPT的设计流程

6　PPT美化与修饰
PPT设计细节很关键

对齐　　色彩搭配　　呈现方式

FSPT

第六步是对 PPT 的美化与修饰，在所有的 PPT 内容、逻辑等设计完成后，对 PPT 的每个页面进行美化修饰，包括对齐、色彩、边框、边距、间距及图文布局等。

第六节　PPT的设计流程

确定主题　→　明确观众　→　目的是什么　→　构思结构　→　『四化』呈现　→　美化修改

对齐
色彩
更好呈现方式
前后逻辑关系

换位思考　风格不同　方式不同

宣传主题　教学学习　工作汇报

文字图形化　逻辑动画化　数据图表化　图片格式化

FSPT

左图是 PPT 设计流程的简图，最关键的两个环节是 PPT 构思和"四化"呈现。

大家在设计 PPT 时要先梳理下这个流程，然后再设计每一个页面。

课后作业与拓展

（1）基于读者对 PPT 本质的理解，请写出对图 1-1 这页 PPT 的修改意见。

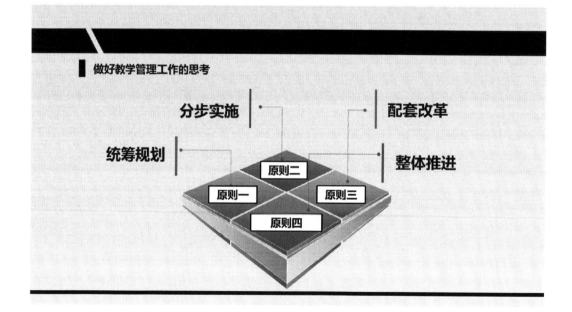

低头族

世界各地智能手机普及之处，地铁里、公交车上、课堂上、餐桌上、排队时，总会有很多人低着头，手里拿着手机或者是平板电脑，手指在屏上来回滑动，所有的注意力都集中在手中发亮的屏幕，对身边的世界漠不关心——他们就是传说中的·低头族·。

小伙伴们，考虑一下你们是低头族吗？

图 1-1　关于低头族的介绍

1）标题可修改为：_____。
2）分别用 2~3 个简单句表述上述两句话：_____。
3）针对这个话题，你会选择什么色调来呈现 PPT 内容：_____。
4）打开 PPT 软件，尝试设计出这页 PPT。

（2）从页面布局的角度分别对图 1-2 和图 1-3 两页 PPT 进行评价，写出意见。

做好教学管理工作的思考

分步实施　　配套改革

统筹规划　　　整体推进

原则二
原则一　原则三
原则四

图 1-2　学分制改革原则

评价：_____

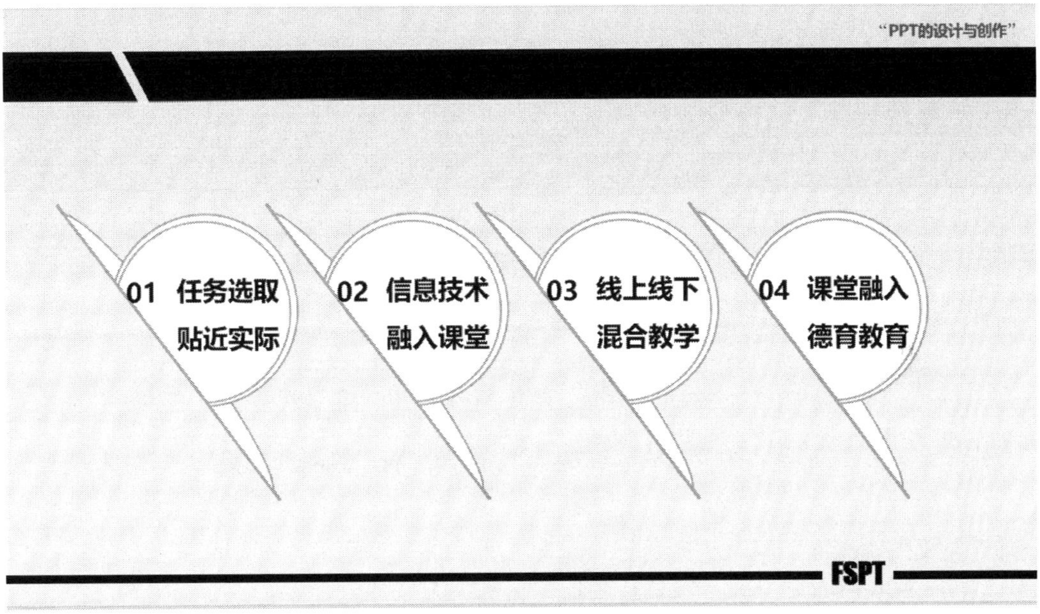

_____

_____

图 1-3　课程特色

评价：_____

_____

_____

（3）读者所在公司将与××学校共建现代产业学院，需要一份 PPT 宣讲材料，其中有一个 PPT 页面是介绍现代产业学院的七个建设任务，文稿如下。请将下面文稿转换成一页 PPT。

标题：现代产业学院七个建设任务

1）创新人才培养模式。

2）提升专业建设质量。

3）开发校企合作课程。

4）建设高水平教师队伍。

5）打造实习实训基地。

6）搭建产学研服务平台。

7）完善管理体制机制。

步骤简述：_____

_____

_____

第二章 用好PPT的五种"武器"

内容结构

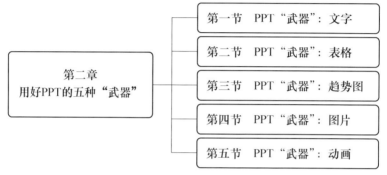

```
                              ┌─────────────────────────────┐
                              │ 第一节  PPT"武器"：文字      │
                              └─────────────────────────────┘
                              ┌─────────────────────────────┐
                              │ 第二节  PPT"武器"：表格      │
  ┌──────────────────┐       └─────────────────────────────┘
  │   第二章          │       ┌─────────────────────────────┐
  │ 用好PPT的五种"武器"│──────│ 第三节  PPT"武器"：趋势图    │
  └──────────────────┘       └─────────────────────────────┘
                              ┌─────────────────────────────┐
                              │ 第四节  PPT"武器"：图片      │
                              └─────────────────────────────┘
                              ┌─────────────────────────────┐
                              │ 第五节  PPT"武器"：动画      │
                              └─────────────────────────────┘
```

学习目标

◆ 了解PPT设计过程中常用的五种"武器"。

◆ 掌握PPT中五种"武器"的设置方法。

◆ 掌握PPT中趋势图的表述步骤。

◆ 掌握PPT中不同的动画类型。

学习重点

◆ PPT中各种"武器"的设置方法。

◆ PPT用趋势图等"武器"的表述步骤。

学习建议

◆ 选择一个主题，自行设计PPT作品，然后基于该作品学习本章内容。

◆ 日常学习中多积累PPT模板。

学前热身

文字、表格、趋势图、图片和动画是创作PPT时常用的"武器"。想一想：这些"武器"各自的最大"威力"在哪里？

_____

_____

_____

_____

_____

第一节 PPT "武器"：文字

佛山职业技术学院　　李玲俐

第二章主要讲解在 PPT 设计时我们所应用的五个"武器"。

一个好的 PPT 作品就是讲述一个逻辑性很强的故事，那 PPT 依靠什么来讲故事呢？首先学习第一个"武器"——文字。

>>>方法篇　>>第二章 用好PPT的五种"武器"

第一节　　PPT "武器"：文字

" 内容为王, 靠什么呈现内容？靠文字！ "

—— FSPT ——

PPT 主要依赖文字来直观表达内容，不能为追求炫酷的 PPT，而放弃文字，更不能不规范地使用文字。

PPT 页面中添加文字的方法很多：直接插入文本框、复制粘贴等，具体操作比较简单，用一分钟时间浏览 PPT 软件的工具栏就知道功能在哪里，这里就不详细讲解了。

>>>方法篇　>>第二章 用好PPT的五种"武器"

第一节　　PPT "武器"：文字

PPT中的文字表达只展示重点内容

句子表达简单，但结构要完整

只说重点

简单的完整句

文字

要规范

字号、字体、颜色等适合汇报场合

—— FSPT ——

左图是 PPT 中文字使用的基本要求，首先要用简单的完整句来呈现重点内容，这是关键；其次是要对文字进行格式化设置，包括字体、字号、颜色、加粗、上标或下标、对齐、编号、行距、底纹及设置功能（如陈述、强调）等。

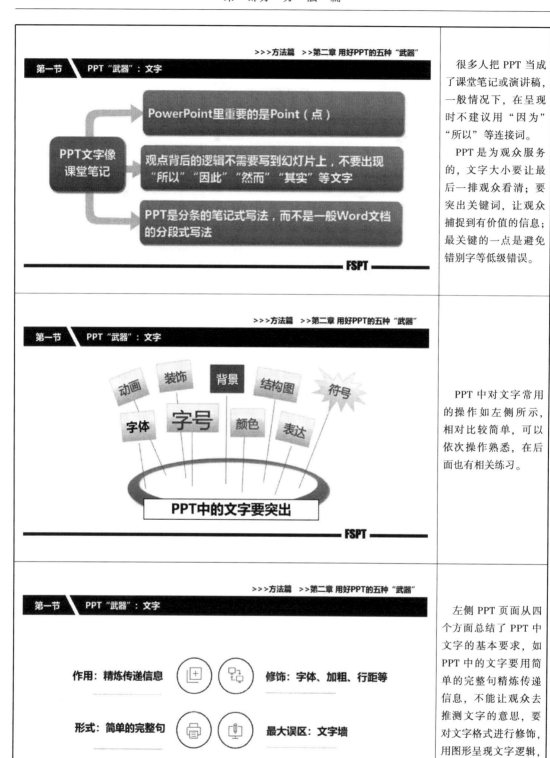

> > >方法篇　> >第二章 用好PPT的五种"武器"

第一节　　PPT "武器"：文字

PowerPoint里重要的是Point（点）

PPT文字像课堂笔记

观点背后的逻辑不需要写到幻灯片上，不要出现"所以""因此""然而""其实"等文字

PPT是分条的笔记式写法，而不是一般Word文档的分段式写法

FSPT

很多人把 PPT 当成了课堂笔记或演讲稿，一般情况下，在呈现时不建议用"因为""所以"等连接词。

PPT 是为观众服务的，文字大小要让最后一排观众看清；要突出关键词，让观众捕捉到有价值的信息；最关键的一点是避免错别字等低级错误。

> > >方法篇　> >第二章 用好PPT的五种"武器"

第一节　　PPT "武器"：文字

动画　装饰　背景　结构图　符号

字体　字号　颜色　表达

PPT中的文字要突出

FSPT

PPT 中对文字常用的操作如左侧所示，相对比较简单，可以依次操作熟悉，在后面也有相关练习。

> > >方法篇　> >第二章 用好PPT的五种"武器"

第一节　　PPT "武器"：文字

作用：精炼传递信息　　　**修饰：字体、加粗、行距等**

形式：简单的完整句　　　**最大误区：文字墙**

FSPT

左侧 PPT 页面从四个方面总结了 PPT 中文字的基本要求，如 PPT 中的文字要用简单的完整句精炼传递信息，不能让观众去推测文字的意思，要对文字格式进行修饰，用图形呈现文字逻辑，避免段落文字或文字墙等。

> > > "PPT的设计与创作"

第二节 PPT "武器"：表格

佛山职业技术学院　李玲俐

PPT 的第二个"武器"——表格。

在 PPT 软件的菜单栏上选择"插入"，即可看到插入表格的功能按钮。

> > > 方法篇　> >第二章 用好PPT的五种"武器"

第二节　PPT "武器"：表格

PPT中表格应该体现什么功能?

1、强调关键信息　　2、分类信息　　3、美化效果

FSPT

PPT 中的表格不是随便用的，它应该发挥三个方面的作用：

（1）强调关键信息；

（2）对信息进行分类；

（3）对PPT演示效果进行美化。

> > > >方法篇　> >第二章 用好PPT的五种"武器"

第二节　PPT "武器"：表格

强调关键信息

绝对数字是关键信息。如奥运会奖牌榜、银行利息、外币汇率等——更关心的是一个数字的绝对值，而不是趋势。

□ 准实验研究

测量内容	实验对象	实验处理前		实验处理后		
		第一次	第二次	第三次	第四次	第五次
学习成绩	A	85.21	85.11	86.17	87.23	89.42
	B	88.63	89.41	93.3	94.4	96.51
信息素养	C	7.52	7.71	7.79	7.89	7.95
	D	7.83	7.99	8.12	8.28	8.32
创新能力	E	7.5	7.7	7.78	7.92	
	F	7.58	7.55	7.62	7.67	7.88
反思能力	G	7.29	7.43	7.62	7.85	7.91
	H	7.43	7.5	7.83	7.96	8.03

FSPT

用表格强调关键信息，一般是对表格内的具体数字进行强调。

在设置表格格式时，也可利用颜色、底纹、字体、字号等让表格中的数据更加明显与突出，起到强调作用。

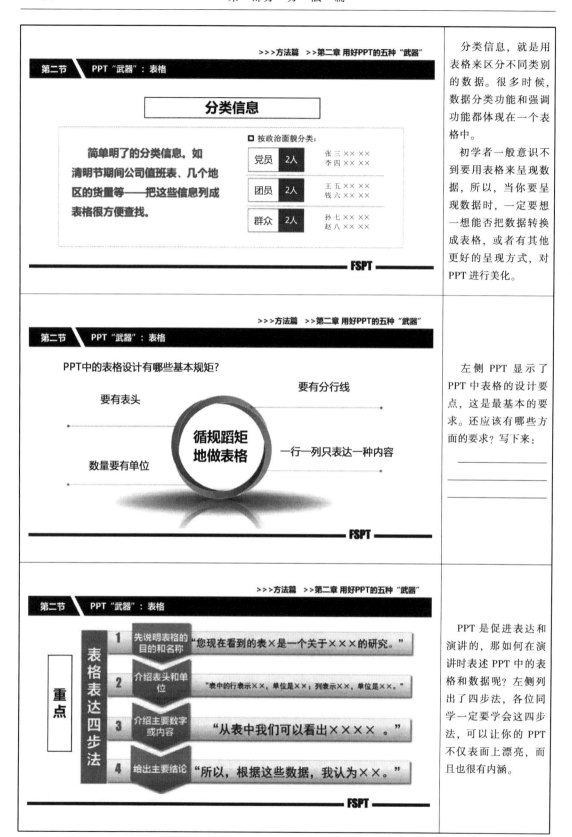

分类信息，就是用表格来区分不同类别的数据。很多时候，数据分类功能和强调功能都体现在一个表格中。

初学者一般意识不到要用表格来呈现数据，所以，当你要呈现数据时，一定要想一想能否把数据转换成表格，或者有其他更好的呈现方式，对PPT进行美化。

左侧 PPT 显示了PPT 中表格的设计要点，这是最基本的要求。还应该有哪些方面的要求？写下来：

_____

_____

_____

PPT 是促进表达和演讲的，那如何在演讲时表述 PPT 中的表格和数据呢？左侧列出了四步法，各位同学一定要学会这四步法，可以让你的 PPT 不仅表面上漂亮，而且也很有内涵。

第二节 PPT "武器"：表格

举例：请以下列表格为例，写出一段表述

数字化教学资源平台和专业教学资源库使用情况（单位：人次）

序号	类型	素材使用	用户活动	论坛活动	作业活动	考试活动
1	"数字化教学资源平台	271130	34174	11515	190068	10114
2	A专业教学资源库	3653338	17636269	979106	538837	93671
3	B专业教学资源库	942974	7100984	537451	519142	183111
4	C专业教学资源库	103164	17651281	508803	592342	186868

FSPT

以左侧 PPT 为例，利用表格表达的四步法，写出一段表述：

_____

_____

_____

>>> "PPT的设计与创作"

第三节 PPT "武器"：趋势图

佛山职业技术学院　李玲俐

PPT 的第三个"武器"——趋势图。

第三节 PPT "武器"：趋势图

PPT软件中可以插入多种类型的趋势图：柱状图、折线图、条形图等

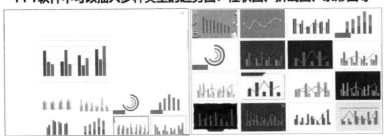

FSPT

如何插入图表？在 PPT 软件的"插入"菜单下选"图表"功能按钮即可，如左侧显示。趋势图有多种类型，分别满足设计者不同的功能需求。

>>>方法篇　>>第二章 用好PPT的五种"武器"

| 第三节 | PPT "武器"：趋势图 |

趋势图的类型

图的种类	表达内容	应用举例
柱状图	比较数值	不同城市平均收入比较
饼状图	关注份额	市场份额
散点图	独立测试数值	科学测试
曲线图	趋势	销售额

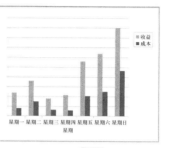

FSPT

常用的有柱状图、饼图、曲线图等，每种类型的图表反映不同的数据价值。设计者根据数据的价值和演讲者的需求选择不同类型的趋势图。

>>>方法篇　>>第二章 用好PPT的五种"武器"

| 第三节 | PPT "武器"：趋势图 |

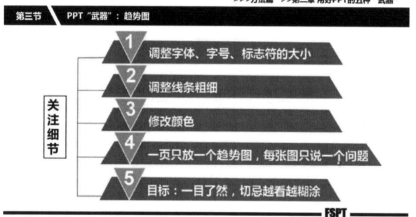

关注细节

1　调整字体、字号、标志符的大小
2　调整线条粗细
3　修改颜色
4　一页只放一个趋势图，每张图只说一个问题
5　目标：一目了然，切忌越看越糊涂

FSPT

在插入趋势图后，一定要对趋势图进行修饰美化，关注一些细节，如左侧显示。不能把图放到 PPT 中就不管了，要时刻问一问"这样设计，观众能看懂吗?"

>>>方法篇　>>第二章 用好PPT的五种"武器"

| 第三节 | PPT "武器"：趋势图 |

图表插入与修改

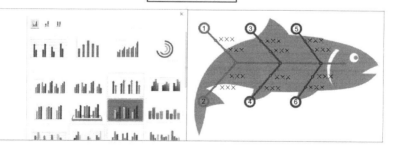

FSPT

图表插入后，可以对线条、颜色、位置等进行调整与美化，达到理想效果。

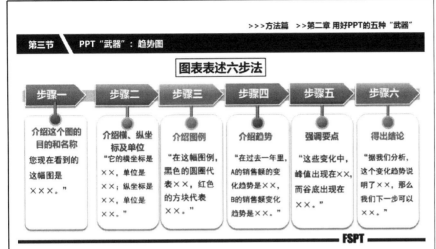

跟表格一样，演讲者有必要在演讲时对PPT中的趋势图进行解读。左侧列出了趋势图解读六步法，通过这六步，可以清晰地向观众解读 PPT 了。

不妨找个趋势图，按这六步法解读下吧。

第四节 PPT "武器"：图片

佛山职业技术学院 李玲俐

PPT 的第四个"武器"——图片。

图片在 PPT 中经常使用，能发挥多个方面的功能。

图片的功能一：突出该页面的主题

本年度的销售额相比去年有了大幅度增长！且四个季度都呈现出稳步增长的态势。

第一个功能是突出该幻灯片页面的主题。

如左侧所示，该页面是介绍某公司的销售额，如果页面还有空间时，可放一堆货币，实现货币与文字的呼应，突出内容。

第四节 PPT "武器"：图片

> > > 方法篇 > > 第二章 用好PPT的五种 "武器"

图片的功能二：与页面主题映衬，强调演讲者的用意

FSPT

第二个功能是强调。

跟第一个功能有点类似，如左侧页面中，有很多美食图片，比较明显，这可以反映出该页面要呈现食品营养相关内容。图片进一步强调了主题。

第四节 PPT "武器"：图片

> > > 方法篇 > > 第二章 用好PPT的五种 "武器"

图片的功能三：使页面布局更协调，装饰美化页面

本年度的销售额相比去年有了大幅度增长！且四个季度都呈现出稳步增长的态势。

FSPT

第三个功能是美化与装饰。

在布局PPT页面时经常遇到这种情况，添加文字等内容后发现PPT页面还有很多空白区域，这些空白让PPT页面的布局不和谐或者导致视觉重心偏移。这时，可以用图片来填补这个空白，起到协调、装饰与美化的效果。

第四节 PPT "武器"：图片

> > > 方法篇 > > 第二章 用好PPT的五种 "武器"

☐ 图片的功能四，也是最常用，最该有的功能：
图片与文字内容配合，使表达的东西更形象化，说明一些高深的问题和概念

实施绩效考核的作用

××××××××××××××
××××××××××××××
××××××
××××××××××××××
×××××××

各指标的分值分配

×××××××××××
×××××××××××
××××××
×××××××××××
×××××××

员工考核得分

FSPT

第四个功能是图文配合，阐述主题。

图片并不是可放可不放的，不能随意，一定要赋予它一定功能。当文字说不清时配上图片，当图片不能完全显示时就配上文字，达到互补效果。

当文字和图片同时出现在页面中时，要考虑图文布局问题：左文右图、左图右文、上文下图、上图下文等。

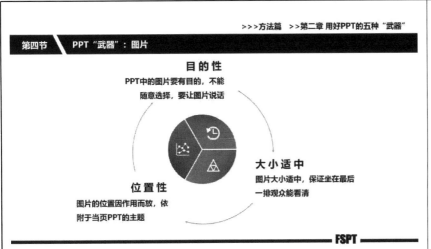

最后，总结三点：

（1）PPT 中的图片要赋予一定作用；

（2）要对图片进行格式设置，包括大小、边框、布局、透明度、文字环绕方式、对齐、组合及特效等；

（3）图片不能乱放，要选择与演讲主题或内容有关的图片。

PPT 的第五个"武器"——动画。

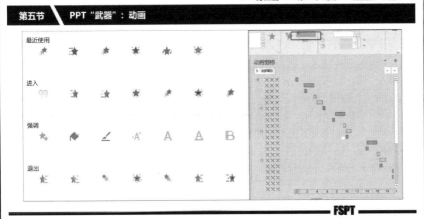

动画有多种类型，包括进入动画、退出动画、强调动画等。

在 PPT 软件菜单栏中选择"动画"，然后找到动画的相关功能按钮，熟悉一下操作说明：不同的 PPT 软件版本，动画功能的位置可能不一样，用一分钟时间浏览下所有的菜单栏，一般都能找到。

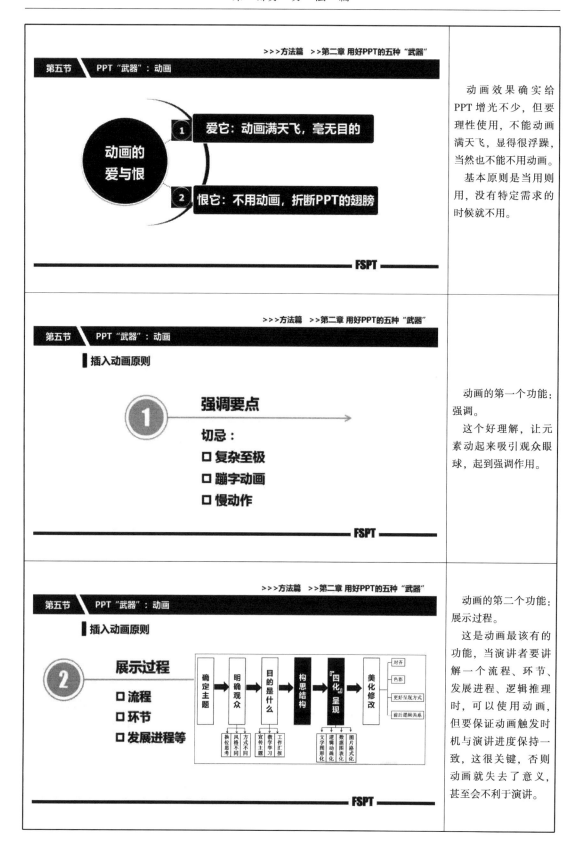

第五节　　PPT "武器"：动画

动画的爱与恨

1　爱它：动画满天飞，毫无目的

2　恨它：不用动画，折断PPT的翅膀

动画效果确实给PPT增光不少，但要理性使用，不能动画满天飞，显得很浮躁，当然也不能不用动画。

基本原则是当用则用，没有特定需求的时候就不用。

第五节　　PPT "武器"：动画

插入动画原则

1　强调要点

切忌：
□ 复杂至极
□ 蹦字动画
□ 慢动作

动画的第一个功能：强调。

这个好理解，让元素动起来吸引观众眼球，起到强调作用。

第五节　　PPT "武器"：动画

插入动画原则

2　展示过程
□ 流程
□ 环节
□ 发展进程等

确定主题 → 明确观众 → 目的是什么 → 构思结构 → 『四化』呈现 → 美化修改

换位思考　风格不同　方式不同　宣传主题　教学学习　工作汇报　文字图形化　逻辑动画化　数据图表化　图片格式化

对齐　色彩　更好呈现方式　前后逻辑关系

动画的第二个功能：展示过程。

这是动画最该有的功能，当演讲者要讲解一个流程、环节、发展进程、逻辑推理时，可以使用动画，但要保证动画触发时机与演讲进度保持一致，这很关键，否则动画就失去了意义，甚至会不利于演讲。

第五节 PPT "武器"：动画

插入动画原则

3 **不要为了动画而动画**

□ 不要因为你不会动画，就特想让PPT动起来

□ 你设计PPT，你必须知道画面上每个对象该做些什么事

□ 你要懂得哪些对象什么时间出现、消失，是否一起出现与消失，这都取决于你的汇报演讲

FSPT

左侧列出了动画使用的一些注意事项，请各位同学思考。如果还有其他要补充的，请写在下面：

_____

_____

_____

_____

第五节 PPT "武器"：动画

记住

PPT中的动画永远都是为演讲者的演讲服务的！

FSPT

最后强调非常关键的一点：

PPT 动画永远都是为演讲者的演讲服务的，不是设计者自我炫酷，当用则用。

课后作业与拓展

（1）采用解读四步法解读图 2-1 所示 PPT 中的图表。

第一步：_____。

第二步：_____。

第三步：_____。

第四步：_____。

建设资金

项目总资金8420万元

企业投入500万元

学院投入1920万元

资金来源

市财政投入6000万元

资金分配	体制机制建设	200万元
	协同联盟硬件平台建设	1930万元
	学生素质拓展平台建设	900万元
	重点专业建设	5190万元
	项目管理费	200万元

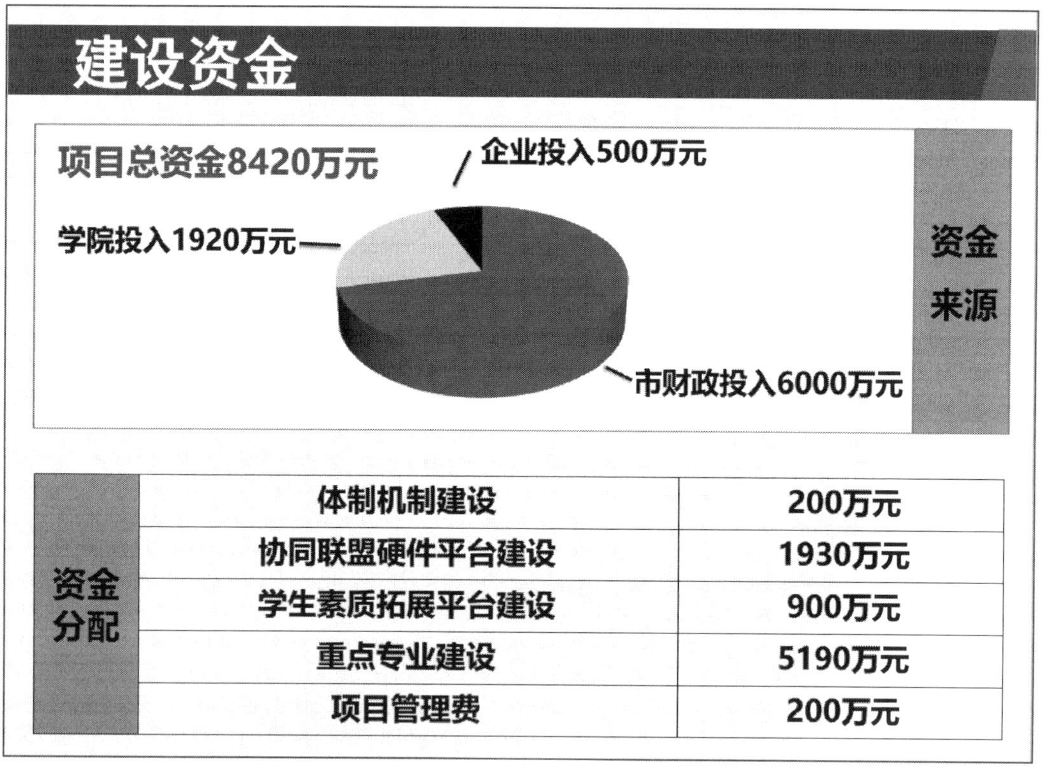

图 2-1　项目资金使用分配

（2）采用解读六步法解读图 2-2 所示 PPT 中的趋势图。

第一步：_____。

第二步：_____。

第三步：_____。

第四步：_____。

第五步：_____。

第六步：_____。

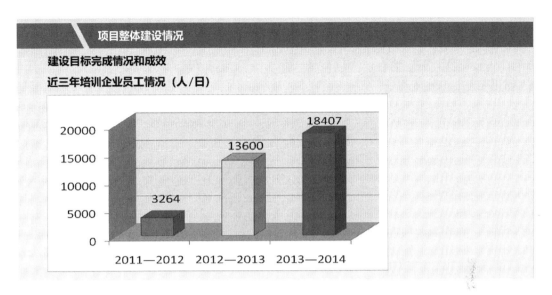

图 2-2　近三年培训企业员工情况

第三章　PPT 的"四化"设计

内容结构

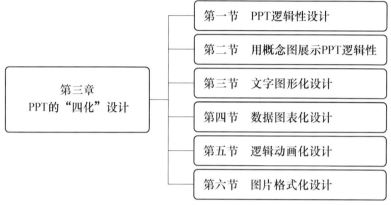

第三章
PPT的"四化"设计

第一节　PPT逻辑性设计

第二节　用概念图展示PPT逻辑性

第三节　文字图形化设计

第四节　数据图表化设计

第五节　逻辑动画化设计

第六节　图片格式化设计

学习目标

- ◆ 理解 PPT 逻辑性设计的含义。
- ◆ 掌握用概念图展示 PPT 逻辑性的方法。
- ◆ 掌握文字图形化、数据图表化、逻辑动画化和图片格式化的基本要领。
- ◆ 能够在设计 PPT 时运用"四化"设计。

学习重点

- ◆ PPT 文字图形化的方法。
- ◆ PPT 数据图表化的方法。
- ◆ PPT 逻辑动画化的方法。
- ◆ PPT 图片格式化的方法。

学习建议

- ◆ 学习之前，先自行设计含文字、数据、图片及动画的 PPT 作品。
- ◆ 学习过程中，每学习一节，要对照已经设计的 PPT 作品反思修改。
- ◆ 日常学习中多积累 PPT 各种模板。
- ◆ 听取教材中的微课视频，学习书中无法呈现的内容，如概念图的绘制等。

学前热身

在学习本章之前，你有没有总结一些 PPT 设计的方法或原则？请在下面写出。

_____

_____

> > > "PPT的设计与创作"

第一节 PPT逻辑性设计

佛山职业技术学院 张伟 李玲俐

本章是本书的核心，也是提升 PPT 设计技能的关键内容，大家要认真学习与实践。

第一节讲解 PPT 逻辑性设计。

> > > 方法篇 > > 第三章 PPT的"四化"设计

第一节 PPT逻辑性设计

□ 逻辑是PPT的核心

□ 好的PPT就是讲述一个逻辑性很强的故事

FSPT

第一章讲过，逻辑性是 PPT 的核心，一个好的 PPT 就是讲述一个逻辑性很强的故事，那逻辑性如何体现呢？

> > > 方法篇 > > 第三章 PPT的"四化"设计

第一节 PPT逻辑性设计

如何理解逻辑性？

受众能够理解的顺序

顺序性

整体性

PPT 逻辑性

结构性

演示一个完整事情有始有终、有头有尾

有铺垫有总结
有高潮有细节
前后呼应、闭环结构

FSPT

从三个方面进行理解。

（1）顺序性：受众接受内容的顺序。

（2）整体性：PPT 内容要完整。

（3）结构性：有铺垫有高潮、有细节有总结。

>>>方法篇　>>第三章 PPT的"四化"设计

| 第一节 | PPT逻辑性设计 |

▌如何理解逻辑性？——举例

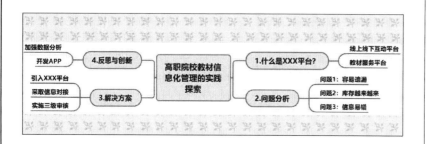

目录

一、教材管理经常出现的问题

二、教材管理对信息技术的需求

三、教材信息化管理的实践

四、实践反思与创新

FSPT

简单列举一个案例来说明逻辑性，该案例是一个真实的演讲报告。

在设计报告PPT时，首先要梳理这个主题的逻辑性。

>>>方法篇　>>第三章 PPT的"四化"设计

| 第一节 | PPT逻辑性设计 |

▌如何理解逻辑性？——举例

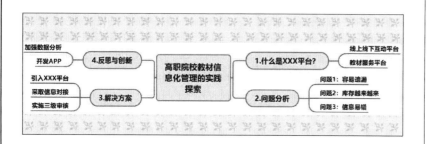

概念图是呈现逻辑性最好的工具之一，不仅呈现主题的整体结构，还能反映出四个部分之间的关系，如第一部分介绍平台，第二部分是问题分析，通过问题分析引出第三部分的解决方案，第四部分是问题解决后的反思与创新。

第二部分和第三部分之间是紧密联系的，有了第二部分才能得出第三部分，这就是推理逻辑。

>>>方法篇　>>第三章 PPT的"四化"设计

| 第一节 | PPT逻辑性设计 |

▌不同类型PPT的逻辑性

1　解决问题型PPT的整体逻辑

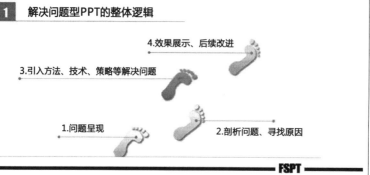

4.效果展示、后续改进

3.引入方法、技术、策略等解决问题

1.问题呈现

2.剖析问题、寻找原因

FSPT

左侧PPT列出了解决问题型PPT的逻辑结构：第一步是问题呈现；第二步是剖析问题、寻找原因；第三步是引入方法、技术、策略等解决问题；第四步是效果展示。当遇到真实案例时，可以参考这个逻辑。

第一节 PPT逻辑性设计

▎不同类型PPT的逻辑性

2 介绍产品型PPT的整体逻辑

需求分析
（领域、环节等） ➤ 产品介绍
（功能特点等） ➤ 产品应用
需求满足 ➤ 成功案例
合作交流

FSPT

左侧 PPT 列出了介绍产品型 PPT 的逻辑结构：第一步是分析需求；第二步是产品介绍；第三步介绍产品是否满足需求；第四步介绍成功案例等。

第一节 PPT逻辑性设计

▎不同类型PPT的逻辑性

3 经验宣传型PPT的整体逻辑

1 原始状态
2 理想目标
3 借助各种措施缩小差距
4 成效展示、后续发展

FSPT

左侧 PPT 列出了经验宣传型 PPT 的逻辑结构：第一步阐述原始状态；第二步描述理想目标；第三步陈述如何引入措施缩小差距；第四步展示成效，并展望未来。

第一节 PPT逻辑性设计

▎不同类型PPT的逻辑性

4 命题汇报型PPT的整体逻辑

① 基本情况
② 哪些方面做了哪些努力
③ 效果展示
④ 存在问题、解决办法

FSPT

左侧 PPT 列出了命题汇报型 PPT 的逻辑结构，也分四个部分。

在第一章讲解 PPT 设计基本流程时提到设计 PPT 要确定主题、明确目的，所以，要根据不同类型的 PPT 设置贯彻前后的整体逻辑，明确逻辑主线，赋予 PPT 灵魂。

>>>方法篇 >>第三章 PPT的"四化"设计

第一节 PPT逻辑性设计

不同类型PPT的逻辑性

APDC逻辑模型：

P Plan
A Action
D Do
C Check

顺序性
整体性
结构性

1 因为A，所以有了P
2 因为P，所以有了D
3 因为D，所以有了C
4 因为C，A不再是A
5 顺序推理、有始有终、闭环结构

FSPT

在寻找逻辑性过程中，可以参考左侧PPT中的APDC推理模型，多问问自己，如何由A得到P，如何由P得到C，通过推理、提问有助于理清问题的内在逻辑。

>>>方法篇 >>第三章 PPT的"四化"设计

第一节 PPT逻辑性设计

如何理出PPT演示主题的逻辑性

利用问题引导逻辑推理

①我要设计哪种类型的PPT?从哪里（问题、故事、情境、案例、需求等）入手?
②我演示的重点是什么?如何引出这个重点?
③我要演示几个方面的内容?
④我目前的论据能支撑哪些观点?哪些观点需要具体讲解?
⑤我该以什么形式（文字、图片、图表等）呈现重点内容?
⑥我有没有达到该PPT制作的目标?

FSPT

左侧PPT也列出了一些问题，有助于我们理顺主题的内在逻辑，然后用PPT去呈现。当然，还有其他问题，需要设计者根据主题来进行头脑风暴。

总之就是要多提问题，自问自答。

>>>方法篇 >>第三章 PPT的"四化"设计

第一节 PPT逻辑性设计

逻辑性
顺 推理出受众能理解的顺序
整 有始有终、有头有尾
结 首尾呼应、闭环结构

FSPT

用最简单语句做个小结，可在下面写出读者对PPT逻辑性的理解。

_____
_____
_____
_____
_____

第二节，用概念图来展示主题的逻辑性。

> > > 方法篇 > > 第三章 PPT 的"四化"设计

第二节　用概念图展示PPT逻辑性

▎什么是概念图?▎

是一种知识与知识之间的关系网，是一种结构图形化表征，也是思维可视化的表征。广泛用于头脑风暴、抽象表述及传达一些复杂概念。

FSPT

那什么是概念图？左侧 PPT 给出了简单的解释。

> > > 方法篇 > > 第三章 PPT 的"四化"设计

第二节　用概念图展示PPT逻辑性

这就是展示PPT逻辑性的一个概念图

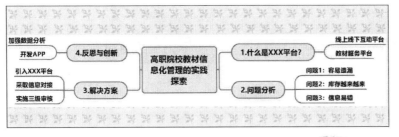

FSPT

左侧 PPT 是前文刚刚展示过的一个主题汇报型 PPT 的逻辑结构图。

左侧 PPT 是用概念图展示的一个培训课程逻辑体系，通过概念图我们可非常清晰地看出该课程的内容结构。

另外，本书每个章节开始位置也都用概念图展示各章节的内容框架。所以，概念图不仅可以展示 PPT 逻辑结构，还有很多其他方面的用途。

接下来，同学们可通过观看微课来学习用软件设计概念图的过程！

因为本书篇幅限制，在此不再用文字陈述。

接下来学习 PPT "四化" 设计的关键内容，读者务必理解相关要领。

首先学习 "文字图形化"，这是 PPT 设计的关键技能，便于简单呈现 PPT 中文字。

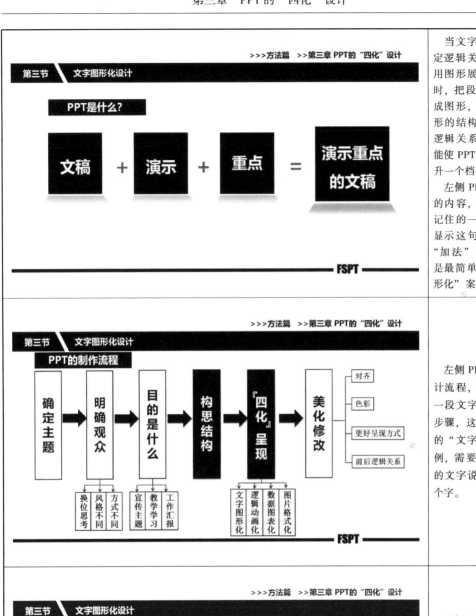

当文字本身具有一定逻辑关系时，或者用图形展示更加美观时，把段落文字转换成图形，同时利用图形的结构呈现文字的逻辑关系。这种操作能使 PPT 作品质量提升一个档次。

左侧 PPT 是前面讲的内容，也是务必要记住的一句话，但在显示这句话时，用了"加法"形式，这就是最简单的"文字图形化"案例。

左侧 PPT 是 PPT 设计流程，该流程图把一段文字改成了六个步骤，这是比较复杂的"文字图形化"案例，需要把设计步骤的文字说明提炼成几个字。

左侧 PPT 是"文字图形化"的关键步骤，这里不仅是"文字图形化"的核心教学内容，也是"文字图形化" PPT 设计案例，请同学们牢记这两句话。这两句话也是经过多年实践总结出来的，有必要永远记住。

>>>方法篇　>>第三章 PPT的"四化"设计

第三节　文字图形化设计

▌文字图形化举例

从文字中提取五个关键点，在PPT模板中寻找与五有关的图形

1. 课程信息×××××××××。
2. 专业信息×××××××××。
3. 教学班级×××××××××。
4. 班级订数×××××××××。
5. 教师信息×××××××××。

××××××××××××
课程信息 ××××××　　教学班级 ××××××
×××
班级订数 ××××××
专业信息 ××××××　　教师信息 ××××××

FSPT

案例一：左侧PPT页面展示了用一页PPT呈现一段文字。

如何把段落转换成PPT？关键是要在段落中提取关键信息，如提取到五个关键信息，然后把五个关键信息用图形展示在PPT中。

方法是：在PPT模板中寻找与五有关的图形模板，如左侧案例中的图形，然后把提取的五个关键信息及相关解释分别放入图形中的各个位置。

>>>方法篇　>>第三章 PPT的"四化"设计

第三节　文字图形化设计

▌文字图形化举例

Word文稿　　　　　PPT文稿

（教材、信息、征订、订数、审核、库存）

课程教材 ××××　　库存 ××　　教材征订 ××××××××
1　2　3　4　5　6
班级订数 ××　教材审核 ××　教材信息 ××××××

第一步、对文字表示内容进行提炼，找到六个关键点；

第二步、在PPT模板中寻找与六有关的图形，把六个关键点嫁接进去。

FSPT

案例二：首先从word文档中提取六个关键信息，然后在PPT模板中找到与六有关的图形，最后把提取的六个关键信息填入到图形中。

当图形需要美化时，可以对图形进行格式设置和布局设置，让整个画面和谐。

>>>方法篇　>>第三章 PPT的"四化"设计

第三节　文字图形化设计

▌文字图形化举例

我只提取了四个关键点，可以吗？

当然可以，那就要找与四有关的图形，来图化呈现关键点

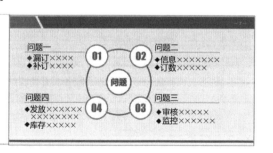

问题一　　　　　　　　　问题二
◆漏订×××××　　　　◆信息×××××××
◆补订×××××　　　　◆订数×××××
01　02
问题
问题四　　　　　　　　　问题三
◆发放××××××　　　　◆审核×××××
×××××××　　　　◆监控×××××××
◆库存××××　04　03

FSPT

同一段落文字，不同的人提取的关键信息个数可能不同，如左侧PPT的段落文字中只提取到四个关键信息时，就要从PPT模板中找与四有关的图形，然后填入即可。

不同的人对文字的理解不同、演讲方式不同。所以，不要纠结关键信息的个数，能把段落表达清楚即可。

>>>方法篇　>>第三章 PPT的"四化"设计

第三节　　文字图形化设计

文字图形化举例

思考：如何把下面文字转换成一页PPT？

传统教材征订步骤

1. 下达教学任务。教学任务发任课教师，便于任课教师指定教材。
2. 教师搜索教材信息。任课教师在出版社、当当网、卓越网等网站搜索教材。
3. 教材信息填报。任课教师把教材信息填到教学任务单中。
4. 汇总教材征订信息并形式审查。教务员对教材信息进行汇总并进行形式审核。
5. 教材采购与发放。教材审核完成后下单和采购。

FSPT

思考左侧的问题，然后把思考结果先写下来：

_____

_____

_____

>>>方法篇　>>第三章 PPT的"四化"设计

第三节　　文字图形化设计

文字图形化举例

如果文字段落中有明确步骤，可以把步骤用流程框图形式呈现

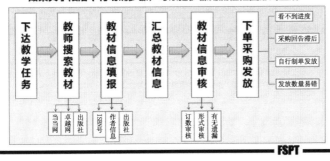

FSPT

很明显，上页 PPT 中的文字是一个流程，这时就用图形一步步地呈现这个流程，而且还可以借助动画效果来呈现。

注意：如果用动画，则动画的呈现逻辑要与演讲者的演讲逻辑一致。

>>>方法篇　>>第三章 PPT的"四化"设计

第三节　　文字图形化设计

文字图形化举例

提取两个关键点，创作与2有关的图形化呈现方式

权限设置灵活，应对课程归属多样化

由于职业教育专业设置、课程归属比较灵活，大部分专业课程归属到专业，但公共课程、公选课程、素质拓展课程、特色课程等要归属到教研室或教学团队，这对教材指定与审核权限的设置影响较大，尤其是教材审核权限需要灵活订制，"美好前程"教材信息系统的权限设置功能比较灵活，能够快速实现对教材归属的灵活设置，提高了教材管理的效率。

FSPT

案例三：如在左侧 PPT 段落文字中提取到两个关键信息时，就放到与2有关的图形中。

>>>方法篇　>>第三章 PPT的"四化"设计

| 第三节 | 文字图形化设计 |

文字图形化举例

实践反思

1. 增强系统功能，全面提升教材管理信息化水平。系统在功能方面需要继续完善，涵盖教材管理各个方面，全面提升教材管理信息化水平。
2. "×××"APP移动端研发。研发APP移动端，方便教师在移动互联环境下应用"×××"APP开展教材建设与研究。
3. 强化数据统计分析功能。数据统计分析，有助于管理者通过数据对比为管理决策和导向提供依据。

FSPT

请针对左侧文字，想一想该如何把这段文字转换成图形，答案肯定有多种，先试一试吧。

>>>方法篇　>>第三章 PPT的"四化"设计

| 第三节 | 文字图形化设计 |

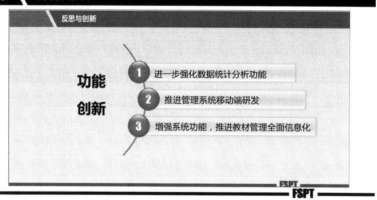

左侧提供一种设计：把三小段提炼成了三句话，然后用一个简单的图形列出来。

请动手操作一下，把上页 PPT 中的文字用图形化呈现。

>>>方法篇　>>第三章 PPT的"四化"设计

| 第三节 | 文字图形化设计 |

先入为主：PPT文字图形化要领

再次提醒：一定要记住这两句要领，"文字图形化"的关键两步：

第一、在文字稿中提取关键点；

第二、根据关键点数量和关系找逻辑图形。

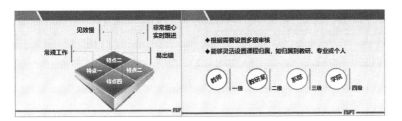

在网络中可以下载很多与数字有关的图形，如左侧PPT中是与四有关的图形。

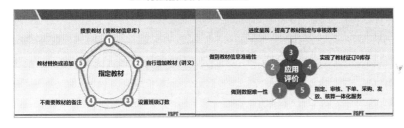

左侧PPT中是与五有关的图形。

在此就不一一举例了。

当然，在同一页PPT中，还可以多个图形组合使用，这主要看设计者的需求。

一般情况下，同一页PPT内容的逻辑关系比较简单时，所选用的图形也比较简单。但同一页PPT的内容如果逻辑关系比较复杂，则尽量拆分；如果无法拆分的，也可用复杂的组合图形，进而更完整地呈现逻辑关系。

第一部分　方　法　篇

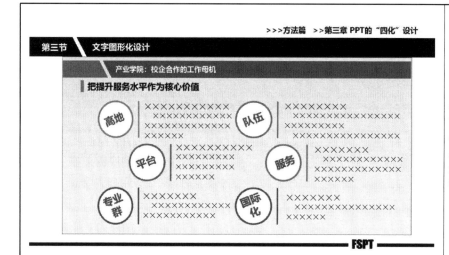

有些图形只要稍微修改下格式或位置就可以多次使用，如左侧 PPT 图形，修改线条颜色后可以满足任意数字的图形组合需求。

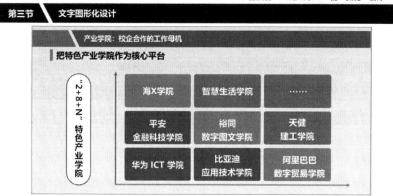

当找不到图形时，也可自行设计不同颜色或形状的图形来显示内容。

如果时间充足，读者可以设计出漂亮的图形。

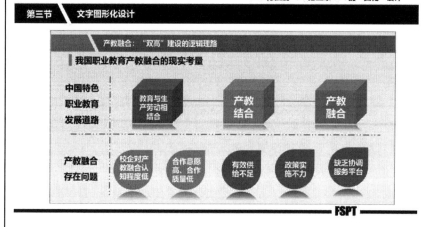

左侧 PPT 是基于两个简单图形，改变颜色和位置，再利用两条虚线进行布局，设计出比较清晰的 PPT 效果。

可以说，在掌握"文字图形化"技能后，PPT 的质量和效果会提高很多。也希望同学们多实践，掌握更多 PPT 设计技巧。

>>>"PPT的设计与创作"

第四节 数据图表化设计

佛山职业技术学院　　张伟　　李玲俐

第四节是数据图表化设计。

PPT 中，图表的使用比较频繁，对数据呈现非常有帮助。

>>>方法篇　>>第三章 PPT的"四化"设计

第四节　　数据图表化设计

1、什么是PPT图表？

图表是注明各种数据并表示进度、关系、比例等情况的图和表格的总称。

FSPT

什么是图表？左侧 PPT 给出了简单的解释，了解即可。

>>>方法篇　>>第三章 PPT的"四化"设计

第四节　　数据图表化设计

2、PPT图表的种类

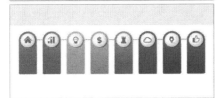

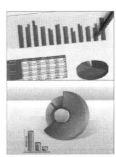

桑甚图
XY散点图
柱状图
地图
折线图
玫瑰图
饼图　图表种类
雷达图
条形图
树状图
面积图
股价图

FSPT

左侧 PPT 是图表的种类，在本书的第二章曾提到过，这里多列了几种。打开 PPT 软件的图表功能面板，多了解下图表的种类。

>>>方法篇 >>第三章 PPT的"四化"设计

第四节 数据图表化设计

2、PPT图表的种类

柱形图易于比较各组数据之间的差距

FSPT

每种图表所表达的含义不同，如柱形图和条形图更易于比较各组数据之间的差距。

>>>方法篇 >>第三章 PPT的"四化"设计

第四节 数据图表化设计

2、PPT图表的种类

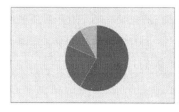 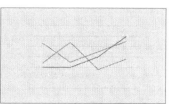

饼状图:表达各数据的占比 折线图:表达数据变化趋势

FSPT

饼图更易于表达各数据的占比。

折线图更易于表达数据的变化趋势。

>>>方法篇 >>第三章 PPT的"四化"设计

第四节 数据图表化设计

2、PPT图表的种类

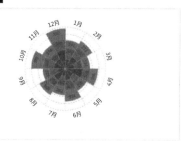

玫瑰图:表达一维或多维数据大小的对比

FSPT

玫瑰图是比较"时髦"的一种图表，它可以做一维或多维数据大小的对比。

>>>方法篇 >>第三章 PPT的"四化"设计

第四节　数据图表化设计

2、PPT图表的种类

资金来源	预算投入			2013-2014年资金到位	实际投入（截止到2014年8月31日）	执行率（%）
	2013	2014	小计			
市财政	1300	1700	3000	3755.76	2359.76	78.65%
企业投入	100	100	200	174.6	160	80.00%
自筹	160	789	949	949	1154.62	121.66%
合　计	1560	2589	4149	4879.36	3674.38	88.56%

FSPT

左侧 PPT 中有一个表格，这是数据图表化最简单、最直接的应用方式，可以尝试解读该表格：

_____

_____

_____

>>>方法篇 >>第三章 PPT的"四化"设计

第四节　数据图表化设计

2、PPT图表的种类

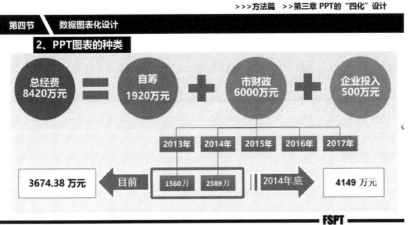

FSPT

可以用不同图形的组合来表示数据之间的逻辑关系，在左侧 PPT 中，这些图形是自己插入的，然后依据彼此之间的关系添加各种符号。

>>>方法篇 >>第三章 PPT的"四化"设计

第四节　数据图表化设计

FSPT

左侧 PPT 中的两个柱状图显示了相关数据的增长对比关系。很明显，这两个图要比文字说明更加直接、更加清晰。可尝试解读两个图表：

_____

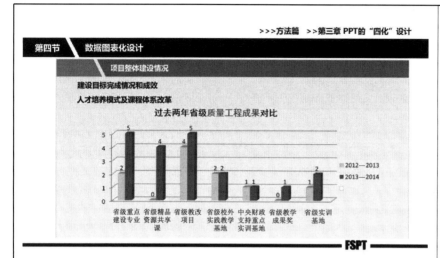

左侧 PPT 是多个维度数据生成的图表。一般情况下，如果单位、数量不一致时，多种数据最好不在一个图表中。但如果同属于一个大类，而且数据差距不明显时，可以考虑放在一张图表中，但解读时不要做比较，相互之间的比较是无意义的，各自解读即可。

从这个作品看出，使用图表来呈现数据，在 PPT 页面布局上还有待提升。所以，初学者需要先培养自己使用图表的意识，然后在设计过程中不断完善与美化。

3、PPT图表的美化

图表不仅可以借助 PPT 软件进行插入，也可以借鉴已有的模板，但在借鉴模板时比较难找到与自己的需求完全对应的，这时要学会自己去设计与调整。

接下来，不仅要收集与数字有关的图形，还要收集与数字有关的各种图表。

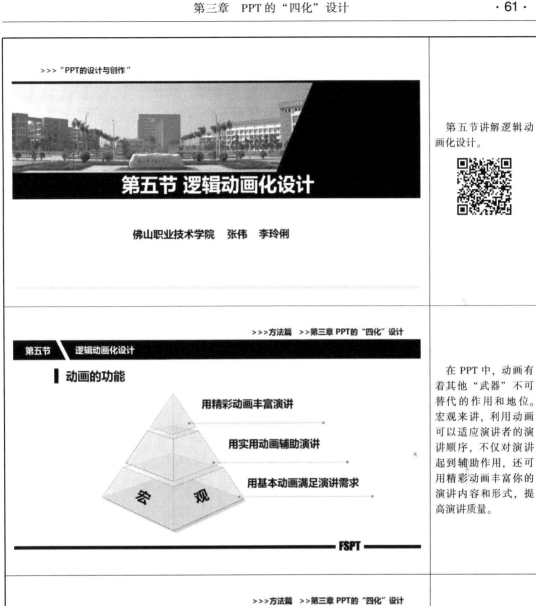

第五节讲解逻辑动画化设计。

在 PPT 中，动画有着其他"武器"不可替代的作用和地位。宏观来讲，利用动画可以适应演讲者的演讲顺序，不仅对演讲起到辅助作用，还可用精彩动画丰富你的演讲内容和形式，提高演讲质量。

从微观角度分析，动画可以展示演讲逻辑、展示项目进度、展示原理、强调演讲者的核心观点等。

第一部分 方 法 篇

第五节 逻辑动画化设计

关于动画的两个观点

观点一：一个好的PPT必定是动静结合的产物

观点二：动画不是万能的，没有动画是万万不能的

FSPT

左侧是关于 PPT 动画的两个观点，意思是我们在使用 PPT 动画时要有度，不能不用，但不能乱用。

可以依据演讲或逻辑推理的需求来决定是否需要动画，需要什么动画。

第五节 逻辑动画化设计

添加动画的步骤

4）预览——设置完效果后，预览效果，或完成，或返回动画窗格修改

3）设置——根据需要设置动画触发方法、时间顺序

2）添加——在动画窗格选中动画效果

1）选择——添加动画的对象

1 2 3 4

FSPT

左侧列出了 PPT 中添加动画的 4 个基本步骤，要记住，尤其最后一步，设置完后一定要预览效果，如果效果不佳可以再调整。

第五节 逻辑动画化设计

动画的分类

⭐ **进入效果**

✩ **强调效果**

★ **退出效果**

☆ **动作路径**

PPT 中动画有多种类型，同学们进入 PPT 软件后，可以用 5 分钟时间依次预览每个动画，了解效果，然后在后续选用时更有针对性。

FSPT

>>>方法篇　>>第三章 PPT的"四化"设计

第五节　逻辑动画化设计

▌动画的分类

打字机　　　　"出现"动画设置按字母顺序播放，就有了类似于打字机的效果。

潇洒地螺旋飞入　"螺旋飞入"动画设置按字母顺序播放，"计时"→"期间"设置为0.3秒。

雀跃式升起　　　"升起"动画设置按字母顺序播放，"计时"→"期间"设置为1秒。

曲线向上的逐字展现　"曲线向上"动画设置按字母顺序播放，"计时"→"期间"设置为1秒。

请思考

以上各种动画可以在哪种场合中使用呢?

FSPT

左侧 PPT 列出了几个动画效果，同学们可以在计算机上操作演示，看看效果，然后回答左侧的思考问题，写下答案:

_____

_____

>>>方法篇　>>第三章 PPT的"四化"设计

第五节　逻辑动画化设计

▌要点:

1.不论一个动画多么复杂多么绚丽，它都是由最简单的单个动作组成的。

2.同一个对象不同动作的时间关系（执行前后、延迟时间、动作长短、循环次数）是重点和关键。

复杂动作=单纯动作+时间处理

FSPT

这是复杂动画的设计要点，请同学们记住，然后在 PPT 软件上多做几个案例。

复杂动画的关键是触发时间的设置，即每个元素出现、消失、移动的先后顺序设置。

>>>方法篇　>>第三章 PPT的"四化"设计

第五节　逻辑动画化设计

▌逻辑动画举例

```
PowerPoint ── Power ·力量、权力等 ┐
           └─ Point ·点          ┘ → 重点
```

FSPT

案例一:前面讲过左侧 PPT 内容的推理过程，这个过程在 PPT 演示时是有动画效果。每演示一步，演讲者就引导观众去思考，思考的结果与后面待出现的内容相同或相近时，再从动画呈现后面的内容，一步步推出一个结论:PowerPoint 翻译成中文是重点。

这个案例是动画辅助演讲的基本应用。

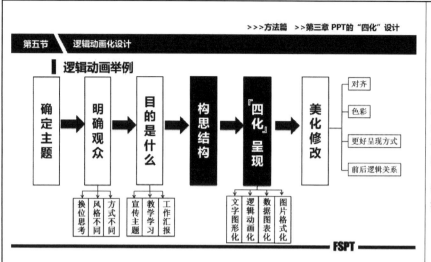

案例二：PPT 设计的流程图，这个图形在 PPT 演示时，可以做成动画效果，演讲者每讲解完一个步骤再以动画呈现下一个步骤。

是否已经想到这个动画效果的播放方法了？

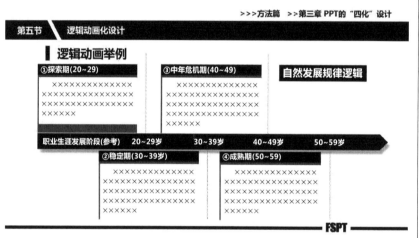

案例三：这是按时间或者按自然发展规律逻辑来设置的动画，每讲完一个阶段，再以动画呈现下一个阶段。

在互联网中，同样有很多动画呈现的模板。所以，为了提高动画设计效率和美化效果，现在开始收集动画效果吧，尤其是复杂动画效果。

另外，在收集复杂动画时，可以打开动画设置面板，分析其动画插入与时间设置，这是学习动画的有效方法。

第六节是图片格式化设置。

在第二章已经介绍过图片格式相关内容，包括设置图片的边框、对齐方式、倒影等效果、套用图片模板、图片与文字的环绕方式等，这里再举例做针对性讲解。

首先了解 PPT 的色调，本书黑白单色印刷后可能看不出颜色，这里讲解一个原则，具体效果可以留意微课中的 PPT 效果。原则是：如果 PPT 的主色调是红色，则在选择其他修饰元素（边框、Logo 等）的颜色时就选择红色系。

图片的对齐设置容易被忽视，在 PPT 做完后，一定要对 PPT 的每个页面做对齐设置：左对齐、顶端对齐、居中对齐、中间对齐、平均分布等。对齐设置可让 PPT 更加整齐、美观。

在 PPT 中添加了图形，这其实已经完成了"文字图形化"操作，但如果图形中还要对个别文字等信息进行强调，这时则要对图形图像进行格式设置，如修改颜色、文字加粗或倾斜、加底线底纹等。

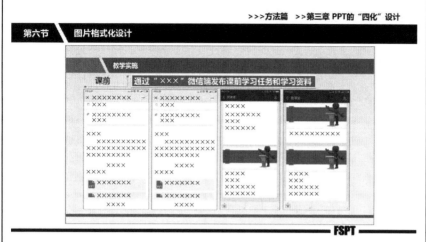

当 PPT 中有多个图片时，要怎么设置格式呢？

可以添加边框（边框颜色与 PPT 主色调一致）；所有图片顶端对齐；如果图片大小相近时可设置纵向或横向平均分布；图片在页面中的布局要有"天"有"地"，"天"放标题，"地"放图片，不能错位。

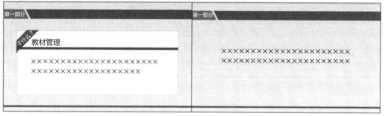

在PPT中，增加一些点缀，要明显比单纯的文字给人的感觉要好得多，直观清晰。

当一页 PPT 只有一句话时，可以适当给这一句话添加一些修饰，包括底纹、线条、点缀图案等，使页面更加美观。

左侧 PPT 页面是一个比较典型的构图案例，"天"放标题，"地"放文字和图片，文字和图片又把页面分成三块，用一条折线分割文字和图片。这个页面放了很多内容，但这个布局让页面很清晰，也带有一定的美感。

第六节   图片格式化设计

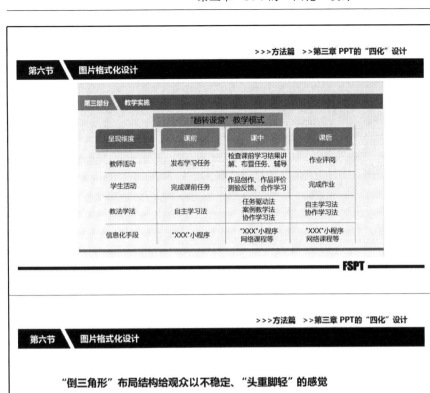

其实很多初学者在做PPT时不考虑布局问题，只是把文字、图片、表格等放到PPT中就认为完成任务了，但如果不对文字、图片等进行格式设置，还是无法达到好效果。

第六节   图片格式化设计

"倒三角形"布局结构给观众以不稳定、"头重脚轻"的感觉

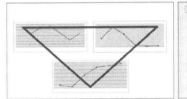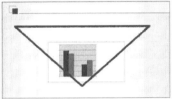

在 PPT 布局中，"倒三角"布局结构一般不可取，重心不稳定。

第六节   图片格式化设计

多个页面的图文布局上下布局，比较单调。

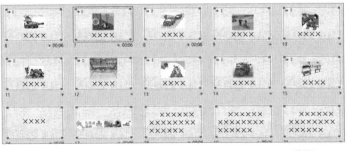

纵观整个PPT，有三分之二的PPT页面都是图文上下布局结构，比较单调，一般在内容允许的情况下，多种布局可同时灵活使用。

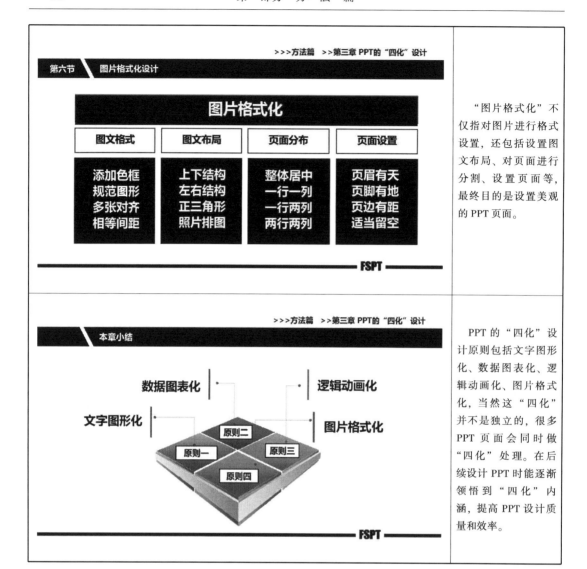

>>>方法篇　>>第三章 PPT的"四化"设计

第六节　图片格式化设计

图片格式化

图文格式	图文布局	页面分布	页面设置
添加色框 规范图形 多张对齐 相等间距	上下结构 左右结构 正三角形 照片排图	整体居中 一行一列 一行两列 两行两列	页眉有天 页脚有地 页边有距 适当留空

FSPT

"图片格式化"不仅指对图片进行格式设置，还包括设置图文布局、对页面进行分割、设置页面等，最终目的是设置美观的 PPT 页面。

>>>方法篇　>>第三章 PPT的"四化"设计

本章小结

数据图表化　　　　逻辑动画化

文字图形化　　　　图片格式化

原则二　原则三　原则一　原则四

FSPT

PPT 的 "四化" 设计原则包括文字图形化、数据图表化、逻辑动画化、图片格式化，当然这 "四化" 并不是独立的，很多 PPT 页面会同时做 "四化" 处理。在后续设计 PPT 时能逐渐领悟到 "四化" 内涵，提高 PPT 设计质量和效率。

课后作业与拓展

（1）自行在互联网中收集 PPT 模板，从两个维度对模块进行分类整理。

第一整体 PPT 模板：有助于整体借鉴优秀 PPT 模板。

第二整理数字模板：设计者需要从文字中提取一定数量的关键信息放到 PPT 页面，为了满足文字图形化需求，需要很多与数字有关的图形，这些图形就可以从收集的 PPT 模板中获取，方法是：

新建一个 PPT 文档，命名为"与二有关的 PPT 图形"，然后把所有收集的与二有关的图形都放到这个 PPT 文档中，一个页面放一个，至少收集 40 个。然后再新建"与三有关的 PPT 图形""与四有关的 PPT 图形""与五有关的 PPT 图形""与六有关的 PPT 图形"等。

该任务要自我监督完成，会大大提高你今后设计 PPT 的效率和质量。

（2）下载概念图软件，如 mindmanager，围绕任意一个主题设计一个具有逻辑性的概念图。可选主题不限于：

1）此生不枉华夏人。

2）厚德载物。

（3）利用"中国精神"主题网站，选择一个共产党人的精神，利用本章节学习的文字图形化、图片格式化等技能设计一个 PPT 作品。相信你在设计 PPT 过程中，会对"中国精神"有更深的理解和感触。

注：中国共产党历经百年而风华正茂，就是凭着一股革命加拼搏的强大精神，在长期奋斗中构建起一个个精神谱系，包括井冈山精神、古田会议精神、长征精神、延安精神、沂蒙精神、红岩精神、西柏坡精神、雷锋精神、焦裕禄精神、抗美援朝精神、载人航天精神、劳动精神、工匠精神、伟大抗疫精神等。

（4）网络搜索近十届夏季奥运会的中国奖牌榜，把所有奖牌情况做成一个表格并转换成趋势图，设置格式后放在 PPT 中，根据趋势图解读六步法对其解读，感受中国体育事业的快速发展历程。

第一步：_____。

第二步：_____。

第三步：_____。

第四步：_____。

第五步：_____。

第六步：_____。

第二部分
项 目 篇

项目一　主题报告型 PPT 的设计

内容结构

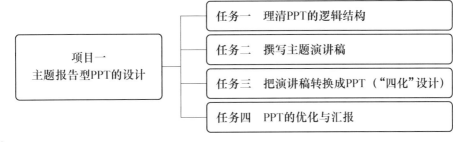

项目一
主题报告型PPT的设计

- 任务一　理清PPT的逻辑结构
- 任务二　撰写主题演讲稿
- 任务三　把演讲稿转换成PPT（"四化"设计）
- 任务四　PPT的优化与汇报

学习目标

- ◆　掌握 PPT 的设计流程。
- ◆　学会用概念图呈现 PPT 的逻辑结构。
- ◆　掌握 PPT "四化" 设计原则的应用。
- ◆　掌握 PPT 汇报的方法。

学习重点

- ◆　"四化" 设计原则在真实案例中的应用。
- ◆　用概念图展示 PPT 的逻辑结构。

学习建议

- ◆　选择一个报告主题，按照 PPT 设计流程和 "四化" 原则设计 PPT 作品。
- ◆　日常学习中，多积累 PPT 模板。

学前热身

假如你要给同学们做一个关于 "劳动最光荣" 的主题报告，你该怎么设计呢？

_____

_____

_____

_____

_____

_____

_____

_____

该项目将展示 PPT 从无到有的过程，受本书展示形式的限制，本书不展示具体操作方法，相关讲解和演示可以扫描二维码观看微课。

> >> 实践篇　>>项目一　主题报告型PPT的设计

理清PPT的逻辑结构

案例名称：　高职院校教材信息化管理的实践探索

案例背景： 2015年12月，我应一个会议的邀请，介绍一下我们学校的教材信息化建设的实践经验，在此背景下设计的一个主题演讲型PPT。

面向对象： 全省高校的参会代表

应用场所： 约400人的会议厅

图片(略)

FSPT

这是一个真实的案例，围绕教材信息化管理展开。根据 PPT 设计的流程，第一，确定 PPT 主题，即"高职院校教材信息化管理的实践探索"；第二，明确观众，该报告的观众是全省高校教师代表；第三，明确目的，即经验介绍。

> >> "PPT的设计与创作"

任务一　理清PPT的逻辑结构

佛山职业技术学院　　张伟

在确定演讲主题后，第一时间要梳理主题的逻辑结构。

一般情况下，我们做主题汇报或演讲报告，心中已经明确了主题，其实演讲思路也应该有了。但如果你的主题是别人要求你做的，不是你想要做的内容，这时就应该做好逻辑设计，避免 PPT 或演讲时出现逻辑错误。

任务一 理清PPT的逻辑结构

任务一：设计PPT思维导图，理清逻辑结构，形成PPT框架

《高职院校教材信息化管理的实践探索》逻辑结构图

加强数据分析
开发APP — 4.反思与创新
引入XXX平台
采取信息对接
实施三级审核 — 3.解决方案 — 高职院校教材信息化管理的实践探索

线上线下互动平台
1.什么是XXX平台？ — 教材服务平台
2.问题分析 — 问题1：容易遗漏
问题2：库存越来越来
问题3：信息易错

FSPT

左侧 PPT 是概念图样式，这个图的具体设计方法在第三章的微课视频中有详细解释，请读者扫二维码观看，在此不再重复介绍。

任务二 撰写主题演讲稿

佛山职业技术学院 张伟

在确定逻辑结构后，演讲者就可以写演讲稿。在写演讲稿时，明确两个内容：演讲内容和演讲逻辑，同时收集演讲素材。

任务二 撰写主题演讲稿

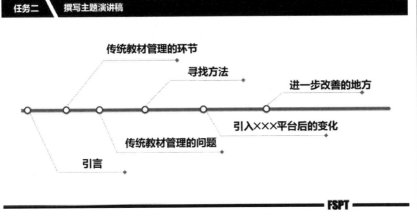

FSPT

根据演讲逻辑和演讲稿，基本确定 PPT 的目录，分成六个部分。

这六个部分可能会在设计 PPT 时进行分解与合并，但基本逻辑主线是不变的。

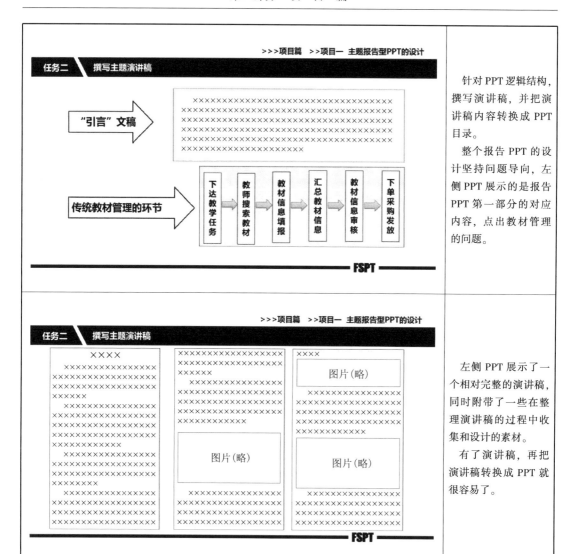

针对 PPT 逻辑结构，撰写演讲稿，并把演讲稿内容转换成 PPT 目录。

整个报告 PPT 的设计坚持问题导向，左侧 PPT 展示的是报告 PPT 第一部分的对应内容，点出教材管理的问题。

左侧 PPT 展示了一个相对完整的演讲稿，同时附带了一些在整理演讲稿的过程中收集和设计的素材。

有了演讲稿，再把演讲稿转换成 PPT 就很容易了。

任务三是用"四化"原则把演讲稿转换成 PPT 的过程。

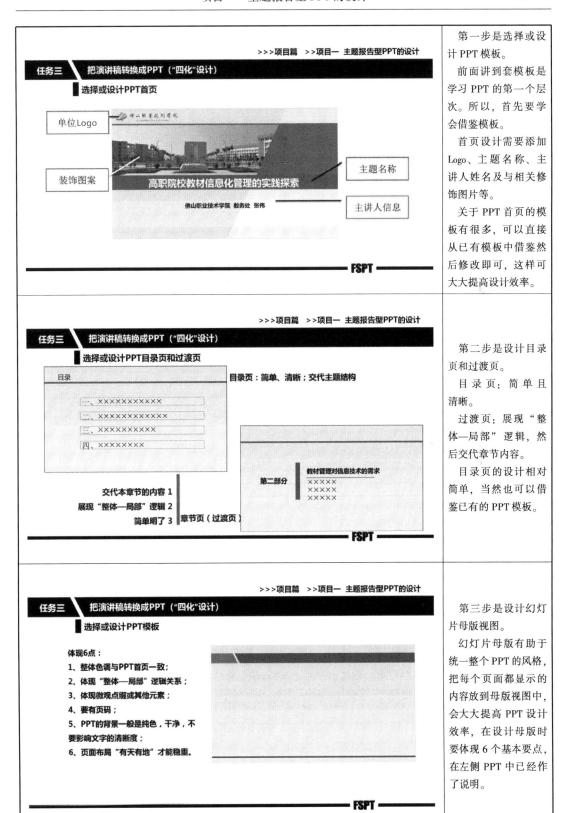

第一步是选择或设计 PPT 模板。

前面讲到套模板是学习 PPT 的第一个层次。所以，首先要学会借鉴模板。

首页设计需要添加 Logo、主题名称、主讲人姓名及与相关修饰图片等。

关于 PPT 首页的模板有很多，可以直接从已有模板中借鉴然后修改即可，这样可大大提高设计效率。

第二步是设计目录页和过渡页。

目录页：简单且清晰。

过渡页：展现"整体—局部"逻辑，然后交代章节内容。

目录页的设计相对简单，当然也可以借鉴已有的 PPT 模板。

第三步是设计幻灯片母版视图。

幻灯片母版有助于统一整个 PPT 的风格，把每个页面都显示的内容放到母版视图中，会大大提高 PPT 设计效率，在设计母版时要体现 6 个基本要点，在左侧 PPT 中已经作了说明。

>>>项目篇　>>项目一　主题报告型PPT的设计

任务三　把演讲稿转换成PPT（"四化"设计）

▌选择或设计PPT内容页

◆ **PPT的目的是实现更加有效的表达**

◆ **不仅方便演讲者，也要方便聆听者**

◆ **把要展示的内容清晰、富有逻辑性地呈现**

—— **FSPT** ——

第四步是设计内容页。在设计之前要明确左侧PPT中的三个基本点。

>>>项目篇　>>项目一　主题报告型PPT的设计

任务三　把演讲稿转换成PPT（"四化"设计）

▌选择或设计PPT内容页

《高职院校教材信息化管理的实践探索》逻辑结构图

—— **FSPT** ——

根据逻辑结构图设计每一个PPT页面。

这里你可能发现：概念图中有四部分内容，演讲稿中是六部分内容，为什么？

因为在设计PPT时，把有些内容进行了整合，所以，一个PPT从设计到最终完稿需要进行多轮修改和完善，切忌急于求成。

>>>项目篇　>>项目一　主题报告型PPT的设计

任务三　把演讲稿转换成PPT（"四化"设计）

▌选择或设计PPT内容页

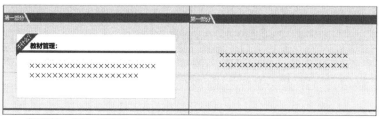

在PPT中，增加一些点缀，要明显比单纯的文字给人的感觉要好得多，直观清晰。

—— **FSPT** ——

左侧PPT页面在前面章节有展示，当一个页面只有一句话时，可以添加一些点缀来修饰，体现图形化思路。

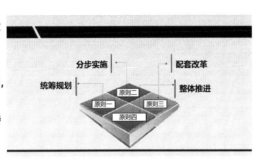

借鉴 PPT 模板中的合适图形（四个平台色块，对应四个文本框）。

把从文字稿提炼出的四个关键信息分别放到图形中，也可以做简单解释，整个页面简洁、清晰，也比较美观。

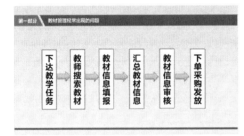

教材征订流程可以做成逻辑推理的动画，即根据文字稿中阐述的流程步骤，把文字稿转换成流程图，并对每个流程根据演讲需要添加动画效果和触发时间，该页面实现"逻辑动画化"设计。

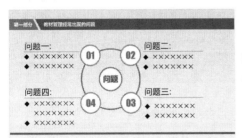

在讲解教材管理的问题时，提取了四个方面的问题作为关键信息，然后选择与四有关的图形组合，把四个关键信息放到图形中，该页面实现"文字图形化"设计。

>>>项目篇　>>项目一　主题报告型PPT的设计

任务三　把演讲稿转换成PPT（"四化"设计）

▌选择或设计PPT内容页

根据要表达的内容，能够从中提取关键信息，然后用图形清晰展示

1. 与教务管理系统对接，保证唯一数据源头

　　教务管理系统是学校开展教育管理信息化的核心系统，教材信息系统中的**课程信息**源自教务系统中的教学任务，**教学专业和班级信息**源自教务系统中的班级学籍信息，**学籍管理**随时会有休学等异动，异动信息也会实时同步到教材信息化管理系统中，保证教材订数准确性，实现教材零库存目标。**教师信息**源自教务系统中的师资管理，教材信息化管理系统中的教师信息——对应教务系统中的教学任务，通过权限设置，教师登录教材信息化管理系统后，无需搜索等操作，就能看到自己名下的教学任务，直接征订教材。

从文字稿提取到五个关键信息，然后把这五个关键信息插入与五有关的图形中。

　　添加了标题后，可以根据图形结构和演讲需要，添加简单的解释，该页面实现"文字图形化"设计。

>>>项目篇　>>项目一　主题报告型PPT的设计

任务三　把演讲稿转换成PPT（"四化"设计）

▌选择或设计PPT内容页

当用PPT解释或介绍一些图片时，图片的尺寸尽量大，能够清晰展示图片中的内容，文字内容要少，只列出提纲即可，以演讲者介绍为主

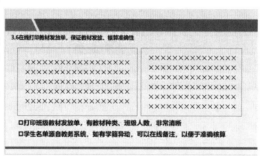

　　所有页面设计完成后，对页面中的元素的布局进行设置，包括图片大小、位置、图文布局等，保证视觉重心在页面中间位置。该页面实现"图片格式化"设计。

>>>项目篇　>>项目一　主题报告型PPT的设计

任务三　把演讲稿转换成PPT（"四化"设计）

▌选择或设计PPT内容页

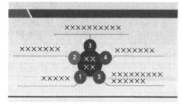
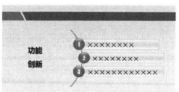

◆ 上述两个PPT页面均是用图形介绍内容，非常简单、清晰，而且还比较美观和谐，而且很合理地展示了各自之间的逻辑关系。

◆ 图形哪里来：简单的图形自己绘制；复杂的图形借鉴模板。

　　当演讲内容比较简单时，PPT 页面也简单直接，不要过于复杂，起到信息传递作用即可。

　　左侧 PPT 就简单展示了具有并列关系的一些内容观点。

任务三　把演讲稿转换成PPT（"四化"设计）

▎PPT的细节美化与修饰

◆ 细节中看出态度！

◆ 细化修改是非常有必要的，主要操作有排列对齐、边框、尺寸、颜色等方面！

◆ 细化修改关键是看放映时的效果，放映状态和编辑状态要经常切换！

FSPT

第五步是 PPT 的细节美化与修饰。

在内容基本设计完成后，就要对 PPT 页面进行美化。

首先要对 PPT 作品整体色调的确定，体现在模板、修饰、边框、底纹、图形等多个地方。

任务三　把演讲稿转换成PPT（"四化"设计）

▎PPT的细节美化与修饰

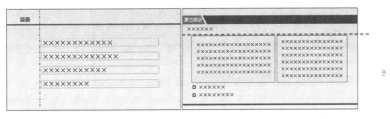

◆ 为达到美观效果，PPT中的同类型元素要对齐排列，如左对齐、顶端对齐等。

◆ 尺寸大小要保证至少有一个维度是相等的，前提是不能让图像变形。

FSPT

左侧 PPT 是对齐格式设置的举例，对齐可以让各元素有整体感，不凌乱。在布局上，采用上图下文的结构，相对比较整齐，但如果文字比较少时，建议采用上文下图结构，以免"倒三角"布局。

任务三　把演讲稿转换成PPT（"四化"设计）

▎PPT的细节美化与修饰

PPT中的动画不是添乱的，而是让你的逻辑展示更加具有条理性

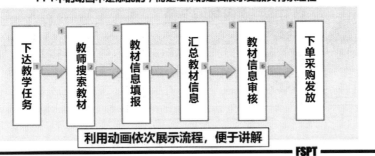

利用动画依次展示流程，便于讲解

FSPT

如果 PPT 有动画效果，要对每个动画进行确认，因为在演讲时，PPT 的动画越多越容易出现失误，包括动画顺序与演讲顺序对应、动画触发是单击鼠标还是自动播放等。

任务三　把演讲稿转换成PPT（"四化"设计）

■ PPT的细节美化与修饰

PPT中展示逻辑关系的图形图像元素哪里找？

找对了，事半功倍！

FSPT

初学 PPT 要首先学会借鉴模板，在刚才的案例 PPT 中，也借鉴了一些 PPT 模板，确实会大大提高 PPT 设计效果，也能让 PPT 更加美观。

优美的 PPT 图形由专业人士设计，一般用户只是 PPT 的使用者，只要借鉴即可。所以，一定要检索收集更多 PPT 模板。

>>> "PPT的设计与创作"

任务四 PPT的优化与汇报

佛山职业技术学院　　张伟

任务四讲解 PPT 的优化与汇报。

PPT 设计完成后要在一定场合汇报，PPT 汇报也是讲究技巧的。

任务四　PPT的优化与汇报

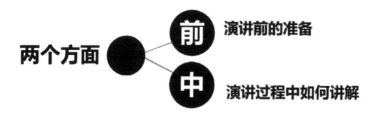

FSPT

当 PPT 设计完成后，就要上台汇报了，该做什么准备？

把认为有必要的准备写下来：

_____

_____

_____

左侧 PPT 是演讲前要做的事情，如有遗漏可以补充如下：

_____

_____

_____

_____

如果你紧张了，该怎么办：
（1）多练习几次；
（2）深呼吸；
（3）提前适应舞台。

演讲时要注意左侧 PPT 中的四个要点，也是在演讲前练习时要注意的要点。

> > > 项目篇　> > 项目一　主题报告型PPT的设计

任务四　PPT的优化与汇报

不能出现如下情况

忘词
卡壳

来回翻
页PPT

一页PPT
停留很长
时间

讲很多与
当页PPT
无关内容

FSPT

　　左侧 PPT 中的四种情况是不能出现的，一旦出现会大大降低观众对你的演讲报告的评价分数。

课后作业与拓展

（1）讲诚信是我国的传统美德，现实生活中有太多诚信案例，当然也出现了一些不讲诚信的社会现象，为了继续传承优秀传统文化，弘扬社会主义核心价值观，请你以"诚信中国"为主题，设计一个 PPT 作品，基本要求如下：

1）围绕主题可另行确定题目，逻辑清晰，结构完整，格式统一，布局合理；

2）自行创设该 PPT 的使用场合和面向对象等；

3）自行在互联网中收集 PPT 模板和素材；

4）页面在 15 页左右，不宜过少；

5）PPT 完成后，建议录制演讲视频，这对提升 PPT 演讲和逻辑设计非常有帮助，也可由任课教师在课堂上组织评比；

6）在设计 PPT 之前，先回忆下设计 PPT 的基本步骤：

第一步：_____。

第二步：_____。

第三步：_____。

第四步：_____。

第五步：_____。

第六步：_____。

（2）安全教育 PPT 设计。

安全教育是每个行业、每个领域都应实施的教育内容，作为学生在尚未进入社会之前，学习安全教育内容同样重要。安全教育的内容比较广泛，如防触电、防溺水、防被盗、防交通事故等，自行选择一个安全教育内容，设计一个 PPT 作品。设计要求如下：

1）自行确定选题，确定 PPT 面向对象（老年人、中年人、大学生、中学生、小学生等），在互联网中收集图文素材进行设计；

2）PPT 页数不超过 20 页，设计页面用文字图形化、数据图表化、逻辑动画化和图片格式化的设计方法；

3）作品完成后，根据教师要求在课堂上进行答辩演示，参与评分；

4）任务完成时间，1 周。

项目二 说课型 PPT 的设计

内容结构

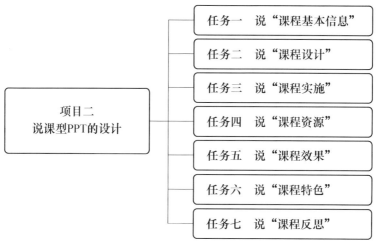

项目二
说课型PPT的设计

任务一　说"课程基本信息"

任务二　说"课程设计"

任务三　说"课程实施"

任务四　说"课程资源"

任务五　说"课程效果"

任务六　说"课程特色"

任务七　说"课程反思"

学习目标

◆ 掌握说课 PPT 的基本结构。

◆ 掌握 PPT "四化" 原则的应用。

学习重点

◆ "四化" 设计原则在真实案例中的应用。

学习建议

◆ 选择一门你熟悉的已学过课程，按照 PPT 设计的流程和 "四化" 原则设计说课 PPT。

◆ 该项目是针对拟担任教师的同学设置，其他学生可以作为选学内容。

学前热身

假如你是一名小学的思想品德课程的教师，设计一个思想品德课程的说课 PPT 结构。

_____

_____

_____

_____

_____

>>> "PPT的设计与创作"

项目二　说课型PPT的设计

佛山职业技术学院　　张伟

假如读者毕业后想做一名人民教师，则说课是必须要学会的一项能力。一般来说，说课的内容是有一个基本结构的，所以，在做说课 PPT 之前，先学习下一个说课 PPT 的整体结构包括哪些方面。

>>>项目篇　>>项目二　说课型PPT的设计

说课型PPT的整体结构

说课型PPT的整体结构

课程基本信息　课程设计　教学实施　教学资源　教学效果　课程特色　课程反思

FSPT

左侧 PPT 列出了说课 PPT 整体结构，主要说七个方面，包括课程基本信息、课程设计、教学实施、教学资源、教学效果、课程特色、课程反思等。当然，如果所在单位对说课内容和结构有特殊要求的，那就按要求执行。

本项目以"PPT 的设计与创作"课程为例，节选部分页面讲解说课 PPT 的设计，不再详细阐述"PPT 的设计与创作"的课程内容。

>>> "PPT的设计与创作"

任务一　说"课程基本信息"

佛山职业技术学院　　张伟

在设计 PPT 之前，根据 PPT 设计流程，需要明确几个问题：第一、PPT 的主题是说课；第二、PPT 的面向对象一般是评委或教师；第三、PPT 的目的是把"PPT 的设计与创作"的课程设计、课程内容、教学方法、实施过程等说清楚。

首先完成任务一，说课程基本信息。

>>>项目篇　>>项目二　说课型PPT的设计

| 任务一 | 说 "课程基本信息" |

课程性质：　　□ 专业选修课：从PPT的本质认识入手，通过任务驱动提升学生的
　　　　　　　　　　　PPT创作技能。

　　　　　　　　　　□ 课程名称：PPT的设计与创作
课程基本情况：　□ 任课教师：张伟
　　　　　　　　　　□ 学分课时：2学分，36课时
　　　　　　　　　　□ 教学对象：电子商务等专业学生
　　　　　　　　　　□ 课程地位：该课程是学生素质拓展、职业技能的有益补充。

FSPT

　　说课程基本信息，一般说课程名称、课程性质、任课教师、学时学分、教学对象、教学目标及课程定位等。

>>>项目篇　>>项目二　说课型PPT的设计

| 任务一 | 说 "课程基本信息" | 5 |

课程整体教学目标

"PPT的设计与创作"是针对电子商务等专业开设的一门专业选修课，课程从PPT本质认识入手，通过大量案例设计，让学生进一步认识PPT，提升PPT操作技能，创作水平及评价鉴赏能力，提升学生的职业技能素养。

FSPT

　　其中，教学目标可以单独陈述，分整体教学目标和单项目标。左侧PPT表述的是课程"PPT的设计与创作"的整体教学目标。

>>>项目篇　>>项目二　说课型PPT的设计

| 任务一 | 说 "课程基本信息" |

1. 掌握PPT创作技能，如文字处理、图片处理、动画设置、插入图表、色彩搭配等
2. 能够根据要求创作高质量PPT作品
3. 能够把文字稿转换成PPT，并能开展基于PPT的演讲

能力

教学目标

知识　　**素质**

1. 了解PPT设计的本质
2. 了解PPT的设计与演讲方法
3. 了解PPT的应用场所与作用

1. 培养学生自主协作学习能力
2. 提升学生的信息素养
3. 引导学生自我否定与自我肯定
4. 培养学生对PPT的评价鉴赏能力
5. 提升学生做事态度，转变价值观

FSPT

　　在说完课程的整体教学目标后，从知识、能力、素质三个维度分别表述单项教学目标，在表述时要用简单句，文字不宜太多。
　　三个维度，可以借鉴与三有关的图形模板，然后把文字套入即可。

第二个任务是说课程设计，具体是说课程的设计理念、思路、内容、框架体系等方面。

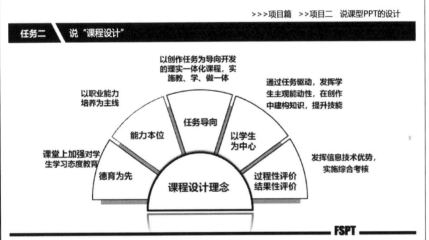

左侧 PPT 显示，从五个方面说课程设计理念，包括德育为先等，然后分别对五个理念做了简单扩充，所以在图文呈现时选择了左侧 PPT 所示图形，中心位置是核心概念"课程设计理念"，周围是五个理念，外围是分别对应五个理念的扩充内容，图文布局相对比较合理。

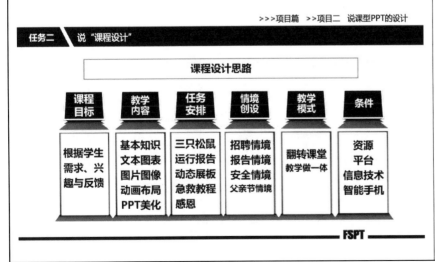

左侧 PPT 是"PPT 的设计与创作"课程的设计思路，用简图展现了课程的教学目标、教学内容、任务安排、创设情境、教学模式和教学条件等，该图有助于专家评委或同行教师对该课程构建一个宏观的整体框架。

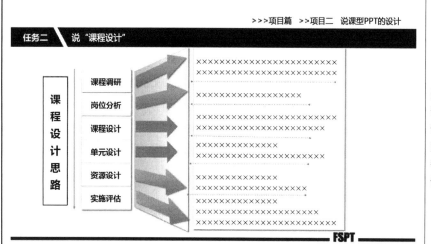

左侧 PPT 是从课程开发的角度，分别从课程调研、岗位分析、课程设计、单元设计、资源设计和实施评估等方面微观展示课程设计思路。

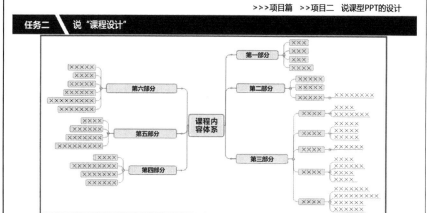

左侧 PPT 用一个概念图展示了课程内容体系，在前面两页 PPT 的基础上进一步细化课程内容。

提醒：建议读者一定要学习概念图制作工具，无论对学习还是对工作都有很大帮助。

任务二　说"课程设计"

编号	任务名称	拟实现的目标	相关支撑知识、技能	方法手段	项目成果
1	任务六 "动态古诗展板" PPT设计	1.学会插入动画 2.动画设置 3.元素动画播放顺序修改	1.筛选动画效果 2.动画窗格设计 3.动画效果设置 4.卷轴设计	任务驱动 自主合作学习	创作 "动态古诗" PPT作品
2	任务十 急救系列PPT设计	围绕分配的选题创作安全教育PPT	1.搜索引擎使用 2.文字图片设计	任务驱动 自主合作学习	创作急救系列PPT
3	任务十一 感恩PPT设计	让学生把感情融入PPT作品中	1.文字图片设计 2.动画设计 3.图文布局等	任务驱动 自主合作学习	创作感恩PPT
4	任务十二 综合性PPT设计	1.对文字、图片、图表、动画等素材熟练设计 2.掌握PPT讲解技巧	1.文字、图片等元素格式设置 2.图文结构布局 3.录屏录音技术 4.演讲技巧	任务驱动	根据主题创作PPT，并录制成演讲视频

穿插德育教育：1. "名片效应" 、2. "沉淀效应" 、3. "凝聚心气" 、4.吃苦精神、5.团队精神、6.勤能补拙

左侧 PPT 节选展示 "PPT 的设计与创作" 的学习任务，列出每个任务的名称、目标、涉及知识点、教学方法及预期成果等。

另外，该课程融入课程思政理念，把中国传统美德、个人修养等融入课程教学任务中。

> > > "PPT的设计与创作"

任务三 说"课程实施"

佛山职业技术学院　张伟

说完课程设计后可以说课程实施过程，这部分内容是比较多的，这里节选部分PPT页面作简单展示。

> > > 项目篇　> > 项目二　说课型PPT的设计

任务三　说"课程实施"

"翻转课堂" 教学模式

呈现维度	课前	课中	课后
教师活动	发布学习任务	检查课前学习结果 讲解、布置任务、辅导	作业评阅
学生活动	完成课前任务	作品创作、作品评价 测验反馈、合作学习	完成作业
教法学法	自主学习法	任务驱动法 案例教学法 协作学习法	自主学习法 协作学习法
信息化手段	"XXX"小程序	"XXX"小程序 网络课程等	"XXX"小程序 网络课程等

FSPT

课程实施首先要确定课程的整体教学模式，如翻转课堂教学模式，然后用图表形式直观展示该模式的要素及教学流程。

左侧PPT的展示比较简单，大家可以根据自己的课程教学模式自行设计，体现教学流程、教学资源、教学方法与手段以及预期成果等。

> > > 项目篇　> > 项目二　说课型PPT的设计

任务三　说"课程实施"

课前　通过"XXX"微信端发布课前学习任务和学习资料

FSPT

说完课程教学模式后，就可以分别说教学模式中的流程，如左侧首先说课前的任务，即发布课前学习任务和学习资料，明确课前学习目标。

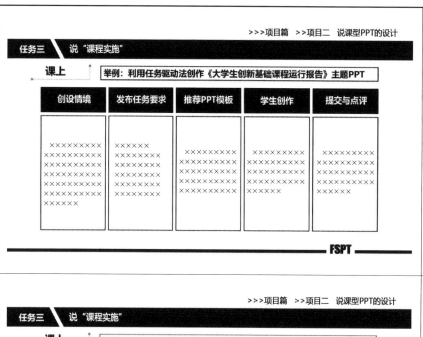

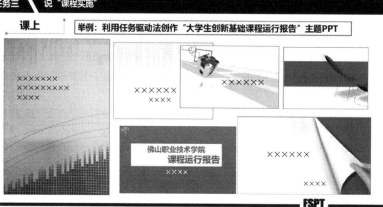

说完课前，再说课上。课上的教学实施流程应该是重点阐述的，左侧 PPT 首先展示课上某教学任务的实施流程。

在教学任务展示环节，用一个任务来佐证上述任务实施流程，如左侧 PPT 展示了学生所创作的 PPT 结果。

当 PPT 中有多张图片时，更要注意图片的布局，包括字体、对齐、间距、边框等，用到了"图片格式化"的设计方法。

左侧 PPT 展示的是任务评价环节，从多个维度进行评价，包括作品评分、课上点评、随机点名学生及学生之间互评等。

当设计多个图片，一定要考虑图片的布局，可以适当遮盖图片的一角，另外，有必要对图片进行文字说明时，可以在图片下方加文本框进行备注。

说完课上，再说课下。课下主要对课程内容进行拓展，包括作业提交、课后交流等。

以上页面只简单做个案例展示，并非说课 PPT 的全部内容，同学们以后可以根据要求利用"四化"设计原则自行设计 PPT 页面内容和呈现方式。

第四个任务是说课程资源，即该课程的教学实施依托哪些教学资源来开展。

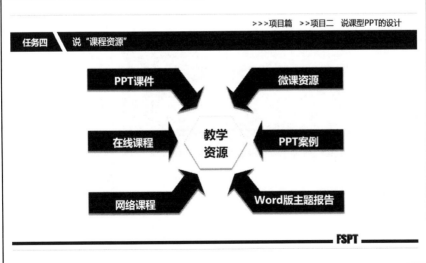

左侧 PPT 首先从整体上展示了课程资源的类型。

读者可以想想，左侧 PPT 的图形是与六有关的，在你的 PPT 模板中能否找到与六有关的图形来替换左侧 PPT 中的图形？

另外，在说课时，也可以对六个内容分别进行解释。

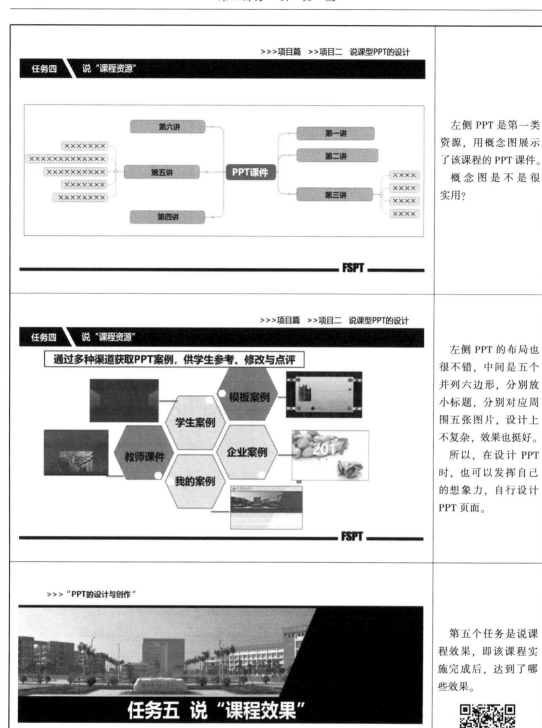

左侧 PPT 是第一类资源，用概念图展示了该课程的 PPT 课件。概念图是不是很实用？

左侧 PPT 的布局也很不错，中间是五个并列六边形，分别放小标题，分别对应周围五张图片，设计上不复杂，效果也挺好。

所以，在设计 PPT 时，也可以发挥自己的想象力，自行设计 PPT 页面。

第五个任务是说课程效果，即该课程实施完成后，达到了哪些效果。

任务五　　说"课程效果"

通过学生创作的PPT作品质量，能看到该课程的教学效果比较理想

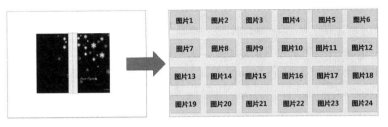

17会计2班×××前后作品对比：版式布局、颜色搭配、PPT结构等

FSPT

体现课程教学效果维度之一是学生学习前后的对比，所以，在课程效果的展示中，可以对比学生在学习课程前的作品和学习课程后的作品。

任务五　　说"课程效果"

学生对自己、对课程的总结反思，体现出进步

经过这一次的理论学习和实践，
①我了解了PPT制作还有更多的方法和技巧，如制九宫格、抽奖、转轴……也掌握了一一些我原本不熟悉的制作方法。
②我还知道了，每页PPT展示不能只有文字或只有图片，要有图片与文字相结合。不能在页面上大面大段的文字；能用图片的就不用文字。
③学会了如何怎样美化PPT通过修改格式从而达到图片或者各种排版使得PPT升了一个档次。
④还有更多的是老师给予我们的心灵鸡汤，在课堂上我很喜欢跟同学们一起努力做PPT的感觉，最深的感受是老师每次对我们JPPT的点评，以及每次上课的心灵鸡汤，还有每次做出PPT的技能的满意和开心。
——×××（17财务管理I班）

由于之前从没接触过PPT制作，所以最大的感受就是很开心，能够掌握PPT的制作与综合运用，虽然每周都要花时间去做PPT，但我认为很值得，能够将课堂上学到的应用于实践。
——×××（17商务管理1班）

最深的是自己从一个完全不懂PPT制作，到现在能够完整地做一个作品，在制作PPT这个方面有小小的成就感
——×××（17商务管理1班）

感受最深的是自我成就，当自己制造出一个PPT，不断进行改进并且在其中发现不足，然后下次再出现就会修改过来；还有就是老师人真的很好，给我们教授不只是PPT方面的知识，还有为人处世的一些道理。
——×××（17财务管理1班）

FSPT

第二个维度可以展示学生的学习总结，通过总结也可体现学生的课程学习效果，如左侧 PPT 所示，通过学生的总结也能看出学生的学习效果。

>>> "PPT的设计与创作"

任务六　说"课程特色"

佛山职业技术学院　　张伟

任务六是说课程特色，课程特色不宜太多，一般三项左右即可。

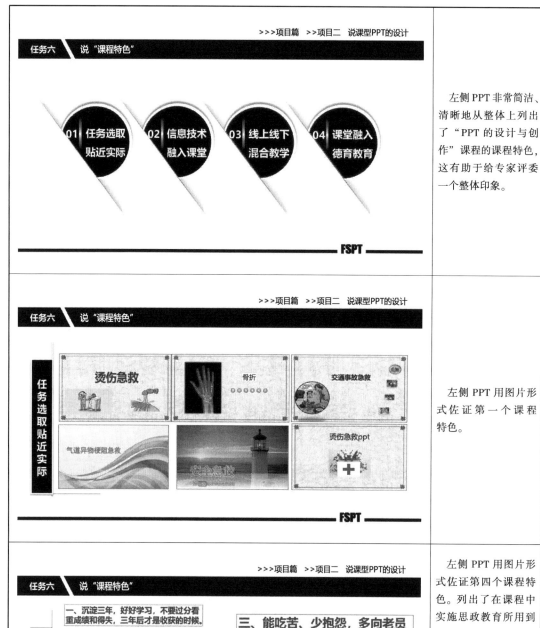

左侧 PPT 非常简洁、清晰地从整体上列出了"PPT 的设计与创作"课程的课程特色，这有助于给专家评委一个整体印象。

左侧 PPT 用图片形式佐证第一个课程特色。

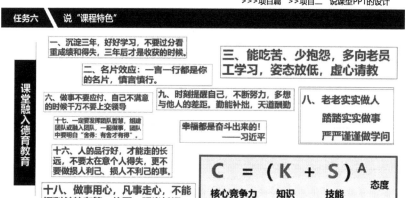

左侧 PPT 用图片形式佐证第四个课程特色。列出了在课程中实施思政教育所用到的一些素材主题，体现课程思政理念。

该页面虽然感觉文字比较多，实际上每段文字都是截图。当有多张大小不一的图片时，要考虑布局问题，做到多而不乱，其实也是图片格式化问题。

说课的最后一个任务是说课程反思，即课程实施完成后，有哪些地方没做好或者不理想的地方，这里可以点出来，今后通过课程改革等渠道去完善。

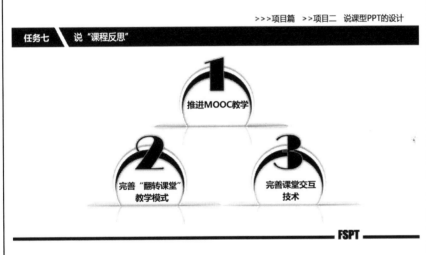

左侧 PPT 简单地通过三个图形列出了三个课程反思，很简洁，也可以给演讲者留下发挥的空间。

至此，关于说课 PPT 的项目设计就讲到这里，该课程可以作为选学内容，但其中的"四化"设计原则的应用还是要努力掌握，不仅有助于提高 PPT 设计质量，还能提高设计效率。

课后作业与拓展

美化教师的说课 PPT（选做）：

向任意一位任课教师寻求帮助，利用学过的 PPT 设计原则把教师的说课 PPT 进行美化设计，并向教师阐述说课 PPT 的逻辑设计体系。

项目三　教学课件型 PPT 的设计

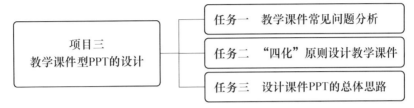

内容结构

```
                                    ┌─ 任务一　教学课件常见问题分析
        项目三                      │
  教学课件型PPT的设计 ─────────────┼─ 任务二　"四化"原则设计教学课件
                                    │
                                    └─ 任务三　设计课件PPT的总体思路
```

学习目标

◆　掌握教学课件 PPT 的基本结构。

◆　掌握"四化"原则在教学课件中的应用。

学习重点

◆　"四化"原则在教学课件中的应用。

学习建议

◆　选择你熟悉的一部分课程内容，按照 PPT 设计的流程和"四化"原则设计课件 PPT。

◆　该项目是针对拟担任教师的同学设置，其他学生可以作为选学内容。

学前热身

假如你是一名语文老师，选择一首古诗，设计一个古诗教学课件 PPT。

_____

_____

_____

_____

_____

_____

_____

_____

_____

_____

作为一名教师，一定要会做课件 PPT，读者可能会说，课件 PPT 不就是把内容从教材搬到 PPT 中吗？

事实并非如此。

教学课件 PPT 不仅要坚持其他 PPT 的设计原则，还有其自身的特殊性。

左侧 PPT 是一个课件 PPT 应该有的课件结构，包括内容标题、教学目标、学习要求、教学内容（重点）、教学活动、内容总结及作业布置等。

其中教学内容和教学活动两部分在很多课件 PPT 中是融合在一起的。

当然，教师可以根据教学活动需要灵活设计 PPT 整体结构。

教师的教学课件 PPT 给读者留下深刻印象的不多，因为很多课件 PPT 都存在一些问题，这些问题不但影响教学效果，还会引起视觉疲劳和反感情绪等。

先看常见的三个问题。这三个问题在其他类型 PPT 中也常见。

>>> 项目篇 >>项目三 教学课件型PPT的设计

任务一　教学课件常见问题分析

问题一：包含太多理论文字

出色管理者的十大思想和行为特征

■ (2) 做事认真，但不事事求"完美"

■出色管理者深知经商和科研不一样。科研侧重追求的是严谨、精益求精；经商侧重追求的是效益、投入产出比。

■出色管理者做事非常认真仔细，但他们同时也非常懂得什么事情需要追求"完美"（尽善尽美)，什么事情"差不多就行"（达到基本标准)。

■具有这种特征的管理者往往能把事情"做对"，并且能比一般人更容易创造出价值。

◆ 这根本不能称为课件！
◆ 设计者没有用心设计课件！
◆ 设计者是偷懒还是无知？

问问自己：你自己能否从段落的第一个字读到最后一个字？

FSPT

第一个问题是 PPT 中的文字太多，但凡用心设计 PPT 的人都不会做出这样 PPT。

在粘贴文字时问问自己：我能从段落的第一个字读到最后一个字？我看课件跟看教材有什么区别？

教师在设计课件 PPT 时不能偷懒！避免文字堆砌！

>>> 项目篇 >>项目三 教学课件型PPT的设计

任务一　教学课件常见问题分析

问题二：页面太花俏，失去焦点

◆ 找不到重点
◆ 图文重叠，对比度低
◆ 同一页面内字体比较乱
◆ 箭头图形表达含义模糊
◆ 右下角的小熊是多余的

面对现实中复杂的问题怎样处理？

统计学是处理复杂问题的工具

FSPT

第二个问题是页面太乱，失去焦点。学生看到课件后，无法直观了解不知道老师要重点讲什么，看似内容很多，实际都是无效内容。

教学课件以知识传播为主，不应该追求炫酷和花俏。左侧 PPT 中的案例 PPT 既有背景图、插图、卡通图，文字有底纹和彩色边框，容易令人失去焦点。

>>> 项目篇 >>项目三 教学课件型PPT的设计

任务一　教学课件常见问题分析

问题三：PPT图文不符

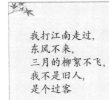

我打江南走过，
东风不来，
三月的柳絮不飞，
我不是旧人，
是个过客

专利申请

国家授权类证书

FSPT

第三个问题是 PPT 中的文字和图片搭配，这个问题很多 PPT 都有。

如左侧 PPT 中的案例 PPT 的教学内容文字与配图不匹配或不清楚，让学生不知所云，导致学生分心猜图片意思，无法集中精力学习。

当然，还有很多问题这里不一一陈述，本书有专门的问题点评内容。

>>> "PPT的设计与创作"

任务二 "四化"原则设计教学课件

佛山职业技术学院　胡明

在教学课件 PPT 设计中，"四化"原则该怎么应用？

接下来用 PPT 举例的形式来简单呈现相关内容。

>>> 项目篇 >>项目三 教学课件型PPT的设计

任务二 "四化"原则设计教学课件

"四化"原则应用：文字图形化呈现、图文左右布局

二八法则

80%的社会财富集中在20%的人手里
80%的人只拥有社会财富的20%

——意大利经济学家巴莱多

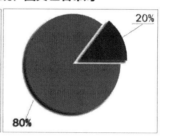

FSPT

左侧 PPT 采取图文左右布局，同时用一个饼图呈现"二八法则"，文字简单，图文搭配比较合理。

>>> 项目篇 >>项目三 教学课件型PPT的设计

任务二 "四化"原则设计教学课件

"四化"原则应用：文字图形化呈现、体现内容结构性和逻辑性

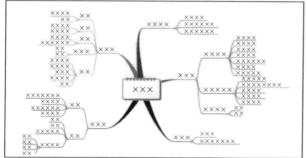

FSPT

左侧 PPT 用概念图呈现教学内容，做到"文字图形化"，同时，思维导图也能体现教学内容的结构性和逻辑性。

教学课件中用思维导图，可以用于一个项目、章节、模块、专题甚至整本教材的知识归纳与总结。对学生获取知识是一个很好的提炼和整理过程。

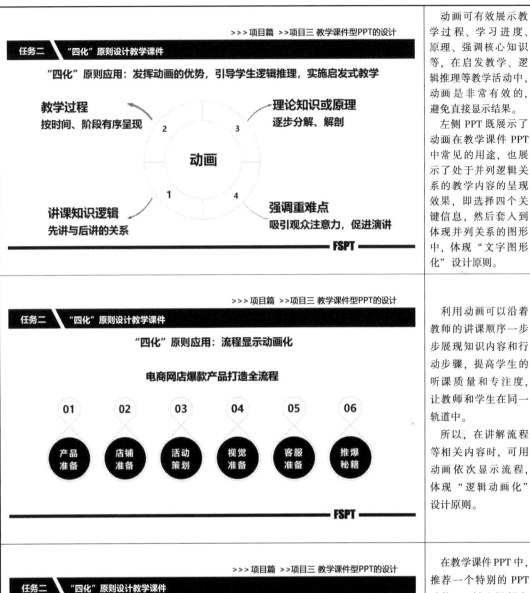

>>>项目篇 >>项目三 教学课件PPT的设计

任务二 "四化"原则设计教学课件

"四化"原则应用：发挥动画的优势，引导学生逻辑推理，实施启发式教学

教学过程
按时间、阶段有序呈现 2

理论知识或原理
逐步分解、解剖 3

动画

讲课知识逻辑
先讲与后讲的关系 1

强调重难点
吸引观众注意力，促进演讲 4

FSPT

动画可有效展示教学过程、学习进度、原理、强调核心知识等，在启发教学、逻辑推理等教学活动中，动画是非常有效的，避免直接显示结果。

左侧 PPT 既展示了动画在教学课件 PPT 中常见的用途，也展示了处于并列逻辑关系的教学内容的呈现效果，即选择四个关键信息，然后套入到体现并列关系的图形中，体现"文字图形化"设计原则。

>>>项目篇 >>项目三 教学课件PPT的设计

任务二 "四化"原则设计教学课件

"四化"原则应用：流程显示动画化

电商网店爆款产品打造全流程

01 **产品准备** 02 **店铺准备** 03 **活动策划** 04 **视觉准备** 05 **客服准备** 06 **推爆秘籍**

FSPT

利用动画可以沿着教师的讲课顺序一步步展现知识内容和行动步骤，提高学生的听课质量和专注度，让教师和学生在同一轨道中。

所以，在讲解流程等相关内容时，可用动画依次显示流程，体现"逻辑动画化"设计原则。

>>>项目篇 >>项目三 教学课件PPT的设计

任务二 "四化"原则设计教学课件

百度搜索营销漏斗模型
人群定向篇

FSPT

在教学课件 PPT 中，推荐一个特别的 PPT 功能——插入视频和音频的功能——用于展示相关内容、形象展示重难点知识，有助于学生理解和记忆

使用该功能时注意：复制 PPT 时，所插入的视频、音频需要同时复制。

在报告型 PPT 等其他类型 PPT 中不建议使用插入视频等功能。

任务二　"四化"原则设计教学课件

"四化"原则应用：文字图形化、结构化

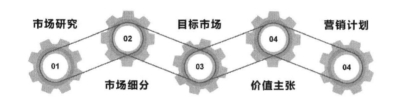

FSPT

鱼骨图在教学课件PPT中也是比较好用的工具，是一种发现问题"根本原因"的方法。设计者需要提取关键信息，然后依据一定逻辑关系放到不同位置的鱼骨中，体现逻辑性和结构化，所以，教学课件中插入鱼骨图也体现了"文字图形化"原则。

左侧PPT中两个鱼骨图，读者更喜欢哪一个呢？

任务二　"四化"原则设计教学课件

"四化"原则应用：流程图形化、动画化呈现

市场研究　　　　　目标市场　　　　　营销计划
02　　　　　　　04
01　　　　　03　　　　　04
市场细分　　　　　价值主张

FSPT

当课件中要呈现顺序逻辑关系时，一般要考虑"逻辑动画化"呈现，同时把文字提炼成各个流程环节，然后转换成图形，"文字图形化"引申为"流程图形化"。

任务二　"四化"原则设计教学课件

"四化"原则应用：文字图表化、图形化、动画化呈现

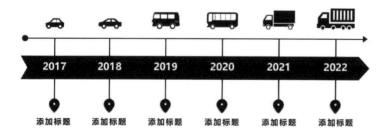

FSPT

左侧PPT是一个流程模板，该模板体现了时间顺序逻辑关系，每个时间点就是一个关键信息。依据时间顺序，把一方面或多方面的内容串联起来，把过去的事情系统化、完整化、精确化，形成相对完整的体系，

在介绍公司发展历程、重大事件巡礼等方面可以采用。

课件"总—分—总式"结构展现，不仅用于整个章节，也可用于一个段落、章节、流程等内容的分解，可以令人一目了然。

这种结构还有总分、分总、分总分等几种变式。

最后讲解在设计教学课件 PPT 时的总体思路，也是教学课件 PPT 特有的一些原则。

左侧 PPT 列出了五个基本原则，如 PPT 设计要遵循教材、适应学生的学习特点和起点，PPT 中突出教学内容的重点，整个讲解过程和 PPT 展示过程的逻辑保持一致。

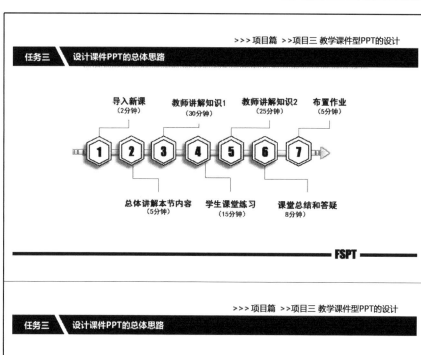

教学课件 PPT 的展示是有时间限制的，如左侧 PPT 中的导入新课环节用时 2 分钟，则在 PPT 中组织内容或教学活动时就以 2 分钟为上限，不能超时，如果超了时间限制，就不利于后面教学环节的实施与完成。

教学课件 PPT 的设计不能随意，不仅坚持 PPT 设计原则，还要遵守教学原则，如左侧 PPT 列出的五条要求。

由于不同的教育层次，在设计课件 PPT 时所遵循的规律有较大差异，所以，该项目没有用具体案例展示课件 PPT 设计，但文中提到的设计原则是相通的，在设计课件 PPT 时是通用的。

项目四　竞赛型 PPT 的设计

内容结构

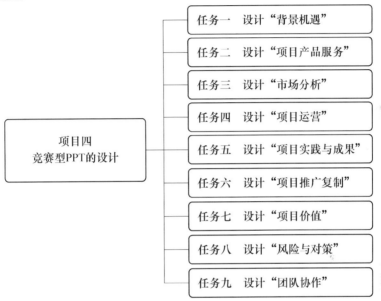

项目四
竞赛型PPT的设计

任务一　设计"背景机遇"

任务二　设计"项目产品服务"

任务三　设计"市场分析"

任务四　设计"项目运营"

任务五　设计"项目实践与成果"

任务六　设计"项目推广复制"

任务七　设计"项目价值"

任务八　设计"风险与对策"

任务九　设计"团队协作"

学习目标

◆　掌握竞赛型 PPT 的设计方法。

学习重点

◆　竞赛型 PPT 的结构。

◆　竞赛型 PPT 呈现内容的选取。

学习建议

◆　选择一个竞赛项目，按照 PPT 设计的流程和"四化"原则设计竞赛现场答辩 PPT。

◆　日常学习中，多积累 PPT 模板。

项目背景

学生在读大学期间，有很多机会参加各种技能竞赛，如创新创业大赛、"挑战杯"及各种由学校组织的竞赛等。在进入决赛环节，一般需要对参赛项目进行现场答辩，如何准备现场答辩的 PPT? 本项目以节选的"挑战杯"参赛项目"喜憨之家"PPT 的设计为例，介绍竞赛类 PPT 的设计与创作。

由于版权问题，该项目内容中涉及的公司、机构、人名等均做了转换处理。

竞赛型 PPT 有个基本要求：PPT 上的每个元素都为竞赛服务，如左侧是答辩 PPT 首页，在主副标题、卡通配图（喜憨号动车、门店、智障人士等）、PPT 风格等多个方面都围绕主题来设计。

喜憨的故事

我们身边有一群**折翼天使**，他们单纯、憨厚、做事认真，外表和正常人并无两样，他们是心智障碍人士，我们亲切地称他们为--"喜憨儿"——喜乐愉悦、憨和敦厚。与其他残障人群相比，他们更难融入社会，更难就业。

偶然的契机，我们成立了"喜憨之家"——一个为喜憨儿**成长、增能、就业**的公**益平台**，我们致力为喜憨人群拨开迷茫，回归社会，托起了他们心中绮丽却脆弱的梦想，也是喜憨之家团队努力携手共启一个减少误解、相互尊重和接纳的社会环境的筑梦之旅。

喜憨之家宣传片（略）

PPT 介绍了"喜憨之家"的故事，说明白"喜憨之家"是什么，为什么要做这个项目，旨在引起专家评委的共鸣。

接下来将根据参赛要求依次陈述相关内容，从保护隐私和版权角度，对部分内容做了修删和遮挡。

任务一　设计"背景机遇"

> 中国梦是民族梦，国家梦，是每一个中国人的梦，也是每一个残疾人朋友的梦。

"十三五"规划

国务院

加大政府购买助残服务力度。将**残疾人**基本公共服务作为政府购买服务的重点领域

广东省

稳定发展**残疾人**集中就业、搭建残疾人集中就业单位产品和服务展销平台、多渠道扶持灵活就业

佛山市

残疾人收入水平大幅提升，生活质量明显改善，融合发展持续推进，残疾人安居乐业，生活殷实、幸福、更有尊严

竞赛项目一般要依托这个时代，体现国家意志，所以，该项目的第一部分有必要介绍项目背景，分别从国家级、省级、市级多个层面呈现政府对残疾人的重视。

左侧 PPT 页面采取图文组合布局，用多个图文块分别呈现国家级、省级、市级等相关内容，布局紧密且合理。

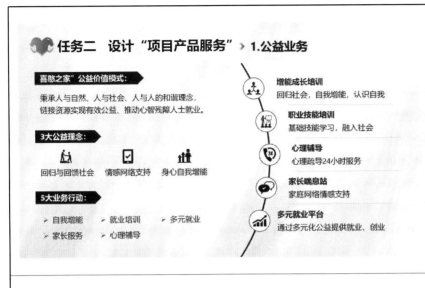

此部分内容介绍项目的服务内容，包括价值模式、理念及业务等。

左侧 PPT 页面呈现的信息比较多，设计上比较简单，页面的左边内容采取文本框加底纹，右边内容用曲线串联五个关键信息点，这里强调的是，五个关键信息点内容与图形从一定程度上是对应的，做到图文呼应。

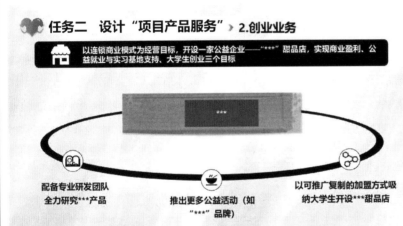

左侧 PPT 是该项目的第二个业务，即创业业务，在设计时用一个椭圆串联这三个业务，这也是"文字图形化"设计的呈现。

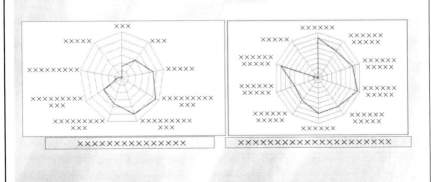

左侧 PPT 呈现的是项目的市场分析，通过需求调研得出一些数据，然后利用"数据图表化"设计原则，把调研结果转换成雷达图，直观呈现心智障碍人士的需求，为项目实施提供前提。

任务三　设计"市场分析" ▶ **2.项目竞品分析**

学校名称	服务对象	服务范围	优缺点
×××	×××××	×××××× ××××××	×××××× ××××××××××
×××	××××	×××× ×××× ×××××	×××××× ××××××××
×××	×××××	××××× ××××××××	×××××× ××××××
×××	×××××××	××××× ××××	××××××× ××××××
×××	×××××××× ×××	××××× ××××	××××××× ××××××
×××	×××××	××××××××××	××××××××
×××	×××××××	××××××××	××××××××××××

左侧 PPT 用表格呈现了对已有机构或项目的调研结果,用表格呈现更加直观,而且能从整体上进行对比与分析。该页面也是"数据图表化"的体现。

任务四　设计"项目运营" ▶ **1.公益业务实施**

五大核心业务行动
综合服务平台

自我增能
自我增能、自我成长的关爱助长培训。

多元就业链
构筑由社会公益机构、企业联盟为基础的就业平台,培育喜憨就业辅导员队伍。

职业技能培训
培养社会适应能力,让喜憨具备一定的自力更生的能力。

心理辅导
帮助喜憨进行心理调节,以自信和积极面对生活。

家长喘息站
以工作坊、个案辅导等形式为喜憨儿家庭提供情感性支持。

左侧 PPT 是该项目运营的五个核心业务。在设计 PPT 时,设计者已经非常清楚这里要呈现五个关键信息,所以,我们采用"文字图形化"设计原则去选择与五有关的图形,然后套用即可。

现在你应该有很多 PPT 模板了,把左侧 PPT 内容套入你的 PPT 模板中,然后对比下二者的效果吧。

任务四　设计"项目运营" ▶ **1.公益业务实施**

培训项目	培训模块	课程内容	培养能力项
关爱助长	生活技能	简单的烹饪、日常安全知识和卫生知识	会做饭、懂安全、保卫生
	心灵成长	学歌唱、学舞蹈、通过画画等艺术形式表达心灵想法、歌唱舞蹈、心理疏导	自信人格、懂得相互鼓励、热爱生活
	⋮	⋮	⋮
职业技能实训	小职业大学问	介绍社会上的职业类型、相关的职业道德	了解社会上的职业,基本的职业道德
	循循善诱	学习职场礼仪礼貌、岗位要求	掌握职场礼仪礼貌,学习岗位相关知识
企业订单式课程	职业技能核心课程	根据企业岗位进行基础的技能培训	掌握岗位基本技能和礼仪
	企业文化	宣传企业文化,企业岗位的具体要求	了解企业对岗位业务的要求
家长喘息站	一对一个案辅导	针对喜憨宝贝及其家长,康复知识指导、心灵沟通引导	帮助家长增强信念,重塑生命故事,转变其对喜憨儿的态度
	家长情感工作坊	家长交流分享自己面对孩子、教导孩子的烦恼和心得,心理导师给予帮助意见和心理疏导	家长互相分享喜憨儿成长故事,相互借鉴亲子教育经验

左侧 PPT 采用"文字图表化"原则,是"数据图表化"原则的迁移,用表格形式进一步细化介绍了该项目核心业务的内容及培养能力等。

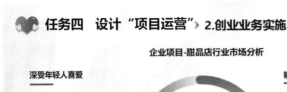

任务四　设计"项目运营" 2.创业业务实施

企业项目-甜品店行业市场分析

深受年轻人喜爱

甜品早已深深扎进广东人的心中

广式糖水缺少公益文化输出

"***"品牌，面向社区打造餐饮服务公益平台，帮助更多"喜憨儿"实现就业。

糖水店流程标准化，可复制性高

将简单的事情重复做，能将喜憨儿的优势能力和特点充分发挥，更好培训技能及就业。

饮食店注入情感是大势所趋

互动式、情感式的饮食店正风靡各大网络平台。

左侧 PPT 呈现项目实施后的市场分析，从四个维度进行介绍，即提取了四个关键信息，这时就用"文字图形化"原则选择一个与四有关的图形，然后把四个关键信息套入，另外根据需要对四个关键信息进行二次扩充。

任务五　设计"项目实践与成果" 社会与组织认可

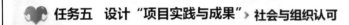

公益认可

- **残联
- **残联
- **妇联
- ***联合会
- ***工委

项目得到广东省、佛山市主要公益机构的充分肯定，众多公益机构与本项目建立了良好的合作关系。

已签约十余家公益企业，得到公益企业的大力支持，共助"喜憨儿"就业。

社会认可

- "喜憨儿"本人
- "喜憨儿"家长
- 高校学生志愿者
- 专业社工
- 公益企业

左侧 PPT 的图文布局也经常用，类似概念图的结构，中间是主题，左右两侧分别从公益和社会两个分支呈现项目的认可度。

读者可以思考，有没有更好的图形模板来呈现左侧 PPT 中的内容。

任务六　设计"项目推广复制" 1.推广规划

佛山

以佛山为起点，立足佛山，服务佛山，预计今年内在佛山服务150人以上，创业公益门店增加1~2家

珠三角主要城市

覆盖珠三角核心城市，预计2022年内服务人群达300人。创业公益门站增加2~3家

粤港澳大湾区

覆盖大湾区主要城市，预计2023年内服务人群达500人。创业公益门店增加5~6家

广东全省

服务覆盖广东主要城市，预计2025年内服务人群达700人。创业公益门店增加8~10家

2020 2022 2023 2025

左侧 PPT 用一个箭头串联该项目的推广规划。

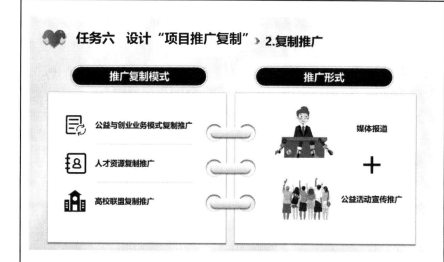

左侧 PPT 用两页书的形式呈现两个内容，左边是推广模式，后边是推广形式，文字表述都用简单句，整个页面比较干净、清晰。

任务七　设计"项目价值" ▶ 社会价值

帮助心智障碍人士自我增能、自我成长	提高心智障碍人士的职业技能	为心智障碍人士家庭提供心灵慰藉	为心智障碍人士构建了多元就业链平台	与社会保障体系形成互补

左侧 PPT 用五个图形呈现了该项目的五个项目价值，文字简单，页面清晰，体现"文字图形化"设计原则。

任务八　设计"风险与对策"

财务风险对策

(1) 建立一套风险预警机制和财务信息网络。

(2) 保持自有资金和借入资金的比例和适当的负债结构。

(3) 通过公益置换方式向出租方申请租金减免或优惠政策。

研发风险对策

(1) 喜憨儿培育合格率不高。

(2) 对自主研发的产品申请专利。

(3) 对负责研发产品的关键员工进行契约约束。

竞争风险对策

心智障碍者就业所面临的市场挑战越来越严峻，***项目能够帮助心智残疾的人疾人实现就业，帮助政府分担一部分的问题及得到政府的支持。

管理风险

(1) 把风险对公司影响降低到最低水平。

(2) 机构实行定期督导制度。

(3) 定时或不定时地了解员工的情况。

左侧 PPT 从四个维度呈现项目的风险和对策，然后与四有关的图像套用，该页面的文字稍微有点多，但也比较合理。

当然，也可以把该页面拆分成四个页面分别呈现四个维度。

任务九　设计"团队协作" > 项目团队

左侧 PPT 用一个逻辑结构图呈现了项目的团队成员及组织关系，非常清晰且自然，值得读者借鉴学习。

PPT 的封底和封面的风格基本一致，该 PPT 没有用"谢谢"之类的简单用语来结束，而是用一句话再次衬托项目主题，体现了竞赛类 PPT 的设计精髓。

项目五　毕业答辩型 PPT 的设计

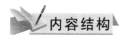

内容结构

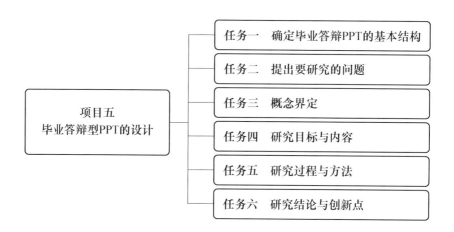

项目五
毕业答辩型PPT的设计

- 任务一　确定毕业答辩PPT的基本结构
- 任务二　提出要研究的问题
- 任务三　概念界定
- 任务四　研究目标与内容
- 任务五　研究过程与方法
- 任务六　研究结论与创新点

学习目标

◆　毕业答辩型 PPT 的设计方法。

学习重点

◆　毕业答辩型 PPT 的结构。

学习建议

◆　选择一个选题，自行设计 PPT 框架，然后设计成答辩 PPT。

项目背景

在毕业前，一般要进行毕业设计答辩，从答辩过程看，答辩 PPT 设计存在明显差别，包括 PPT 设计、PPT 结构、PPT 内容组织等，所以，该项目选取一个答辩选题的部分页面，以此为例讲解毕业答辩 PPT 的设计方法。

>>> "PPT的设计与创作"

项目五 毕业答辩型PPT的设计

佛山职业技术学院　张伟 林小娟

该项目只对毕业答辩 PPT 设计的结构框架进行说明，不对内容进行讲解，毕竟毕业选题的内容是多样的。

毕业答辩实际上就是从多个方面把选题说给评委老师听。

>>>项目篇　>>项目五　毕业答辩型PPT的设计

任务一　确定毕业答辩PPT的基本结构

毕业答辩PPT的基本结构

问题的提出　　概念界定　　研究目标与内容　　研究过程与方法　　研究结论与创新点

以《视频课例促进区域教师专业发展的模式研究》为例，讲解毕业答辩PPT的设计

FSPT

关于答辩 PPT 的结构，可以根据自己的选题、研究内容、研究目标、研究方法、研究过程、研究结果等栏目自行设计框架栏目，左侧 PPT 给出了五个栏目。

框架栏目选择是设计 PPT 的第一步，体现 PPT 的逻辑性。

>>>项目篇　>>项目五　毕业答辩型PPT的设计

任务二　提出要研究的问题

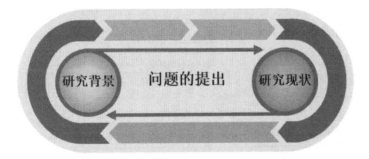

研究背景　　问题的提出　　研究现状

FSPT

答辩 PPT 的第一个任务一般只回答一个问题：为什么做这个选题？

从当前的研究背景和研究现状两个方面进行分析，研究背景包括国家政策、制度文件等；研究现状一般可从文献数据库中进行挖掘。

原则上，这部分内容在开题 PPT 中需要重点论述，而在答辩 PPT 中可以简化表述。

>>>项目篇 >>项目五 毕业答辩型PPT的设计

任务三　概念界定

教师专业发展是教师个体专业不断发展的历程，是教师不断接受新知识、增长专业能力的过程。教师要成为一个成熟的专业人员，需要通过不断的学习与探索历程来拓展其专业内涵，提高专业水平，从而达到专业成熟的境界。

—— 教育部师范教育司《教师专业化的理论与实践》

FSPT

如果选题中有一些专属的概念名词，尤其这些名词有多种理解或定义时，需要对这些概念名词做个界定，说清楚在选题中采纳的是哪个定义。

一般情况下，这个定义的出处要比较权威。

>>>项目篇 >>项目五 毕业答辩型PPT的设计

任务四　研究目标与内容

研究目标

在活动理论的指导下，参照协作知识建构的过程模型，构建视频课例促进区域教师专业发展的模式，并检测本模式的应用效果。

FSPT

再简单交代选题的研究目标。

>>>项目篇 >>项目五 毕业答辩型PPT的设计

任务四　研究目标与内容

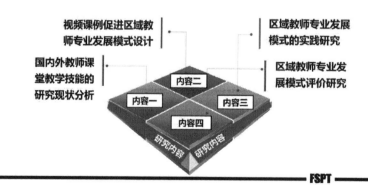

视频课例促进区域教师专业发展模式设计　区域教师专业发展模式的实践研究　国内外教师课堂教学技能的研究现状分析　区域教师专业发展模式评价研究　内容一 内容二 内容三 内容四

FSPT

然后交代选题的研究内容。

研究内容肯定是为研究目标服务的，不能随便写。

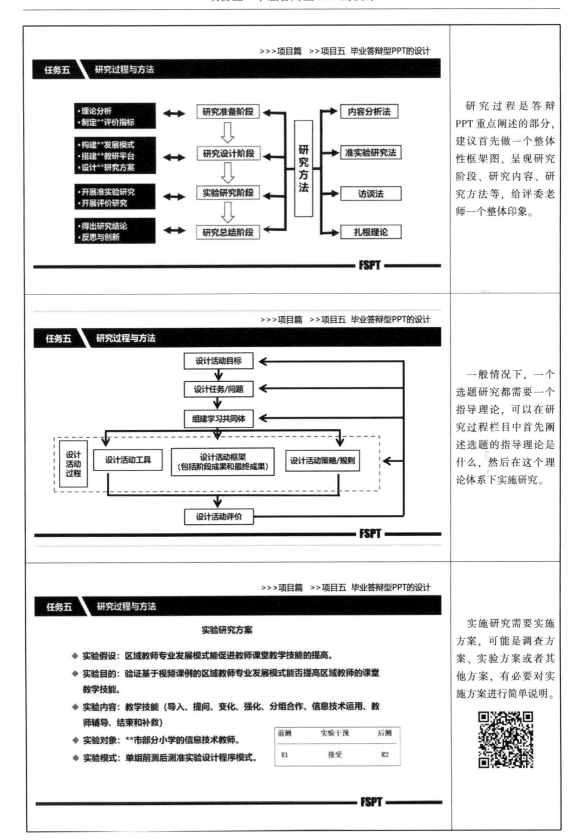

>>>项目篇　>>项目五 毕业答辩型PPT的设计

任务五　研究过程与方法

研究过程是答辩 PPT 重点阐述的部分，建议首先做一个整体性框架图，呈现研究阶段、研究内容、研究方法等，给评委老师一个整体印象。

一般情况下，一个选题研究都需要一个指导理论，可以在研究过程栏目中首先阐述选题的指导理论是什么，然后在这个理论体系下实施研究。

实施研究需要实施方案，可能是调查方案、实验方案或者其他方案，有必要对实施方案进行简单说明。

>>>项目篇　>>项目五　毕业答辩型PPT的设计

任务五	研究过程与方法

课堂教学技能评价指标

请各位老师认真客观的评价本课例，我们将对您的评价保密，请您不要有后顾之忧，谢谢！

* 您的学校与姓名: [填空题]

* 您所评价课例的名称: [填空题]

* 1、请您对本节课中教师的导入技能应用情况打分: [矩阵单选题]

（1）集中全班同学的注意力 (2) 诱发学生的学习兴趣 (3) 教师阐明本节课的学习目标（4）建立新旧知识的实质性联系

优
良
中
差

* 2、请您对本节课中教师的强化技能应用情况打分: [矩阵单选题]

（1）为学生提供表现自己的机会 (2) 教师准确判断学生的反应 (3) 表明对学生反应的态度 (4) 引导学生自我判断与检验

优
良
中
差

FSPT

在做毕业设计或论文时，肯定会用到一些研究手段，如问卷、量表、平台等，这些研究手段有必要在PPT中呈现，并说明其在研究实施过程中是如何用的，达到了什么效果。

>>>项目篇　>>项目五　毕业答辩型PPT的设计

任务五	研究过程与方法

FSPT

还包括研究过程中产生的数据、图片、图表等材料，以体现你的研究过程，这些数据也是得出研究结论的关键支撑。

当然，也不是所有的数据都有用，要进行分辨，看你收集的数据是否能支撑你的研究内容，是否对研究目标的实现有帮助作用，没有贡献的数据就没有必要放到PPT中。

>>>项目篇　>>项目五　毕业答辩型PPT的设计

任务五	研究过程与方法

利用SPSS软件对数据进行独立样本T检验

FSPT

借助数据处理软件对收集的数据进行分析，然后根据分析结果得出研究结论。所以，这个数据分析过程有必要在答辩PPT中呈现给评委老师。

这个研究过程是答辩PPT的重点，内容最多，页数也应最多，按一定逻辑顺序依次呈现即可。在此不再一一举例。

>>>项目篇　>>项目五　毕业答辩型PPT的设计

任务六　研究结论与创新点

研究结论

本文建构的基于视频课例的区域教师专业发展模式能够促进教师课堂教学技能的提高，但对于不同的教学技能，其提高程度存在差异。

FSPT

研究过程说完后，可以说研究结论，研究结论来自数据分析，呼应研究目标。

不同的选题，研究结论是不一样的，视情况来写，一般占用一个 PPT 页面。

>>>项目篇　>>项目五　毕业答辩型PPT的设计

任务六　研究结论与创新点

1 探索了促进区域教师课堂教学技能提升的方法，建构了针对课堂教学技能的区域教师专业发展模式。

2 制定了小学信息技术教师课堂教学技能评价量表。

FSPT

研究结论后，可以写这个选题的两条创新点，不宜太多，简单呈现即可。

>>>项目篇　>>项目五　毕业答辩型PPT的设计

任务六　研究结论与创新点

研究不足与后续研究

(1) 继续与***教研室合作，制定一套保障研究可持续实施的激励措施和约束机制；

(2) 根据学科教师需求，完善网络平台，主要包括平台的功能和交流方式两个方面；

(3) 继续开展视频教研，进一步检验区域教师专业发展模式对教师课堂教学技能的效果。

FSPT

一般情况下，一个选题是可以进行持续研究的，所以，PPT 的最后可以分条列出后续研究内容。

课后作业与拓展 毕业设计答辩 PPT 设计

一般情况下，每个专业都有一门"毕业设计"课程，该课程要求学生综合专业所学知识和技能，在指导教师的指导下完成一个综合性作品，作品形式包括研究论文、调研报告、设计性或开发性产品、岗位能力分析报告、策划方案等。在完成作品后进入 5~8 分钟的答辩论证考核环节。在答辩环节，PPT 设计是必须的，而且 PPT 作品的设计质量也是答辩考核的内容。设计要求如下：

（1）由于还没有实施"毕业设计"课程，读者可以在网络数据库中自行搜索相关主题的文档或论文，然后转换成毕业设计答辩 PPT；

（2）PPT 设计自行设计封面、目录和封底，PPT 页数不超过 20 页；

（3）根据主题相关性原则，自行设计 PPT 版面、色调、图片、图形及图文布局；

（4）作品完成后，根据教师要求在课堂上进行答辩演示，参与评分；

（5）任务完成时间，1 周。

第三部分

拓 展 篇

拓展一　PPT 基本操作及常见问题

✎ 内容结构

通过本书前面的方法学习和项目实践，学生应该已经能自行设计 PPT 了，在设计中也肯定操作使用了很多 PPT 软件的功能，这也是项目化教学的优势，即在项目实践中学习操作技能，所以，本书不再专门讲解 PPT 的常用操作。本部分内容是拓展练习，选取了 20个 PPT 软件中比较常见的操作单独强化，供同学们练习参考。

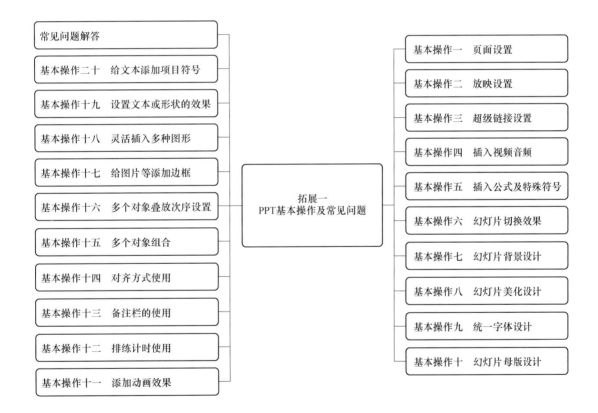

✎ 学习目标

◆ 掌握 20 个 PPT 软件中的常见操作。

✎ 学习建议

◆ 学习每一个操作步骤，然后利用 PPT 软件操作 1~2 遍即可。

> > > "PPT的设计与创作"

拓展一 PPT基本操作及常见问题

佛山职业技术学院　李玲俐 廖芳芳

拓展一　PPT基本操作及常见问题

基本操作一　页面设置

(1) 设置幻灯片大小 (长宽比例、尺寸、页码编号等);

(2) 设置幻灯片方向 (纵向、横向);

(3) 设置幻灯片纸张大小 (打印时用);

(4) 设置幻灯片备注、讲义和大纲方向。

FSPT

拓展一 PPT基本操作及常见问题

基本操作二 放映设置

(1) 放映类型一般选择"演讲者放映";

(2) 放映全部幻灯片;

(3) 换片方式选择"手动";

(4) 如有两个及以上显示器可设置"多显示器";

(5) 如要循环播放,可设置"放映选项"。

FSPT

拓展一 PPT基本操作及常见问题

基本操作三 超级链接设置

方法一:利用工具栏

方法二:利用鼠标右键菜单栏

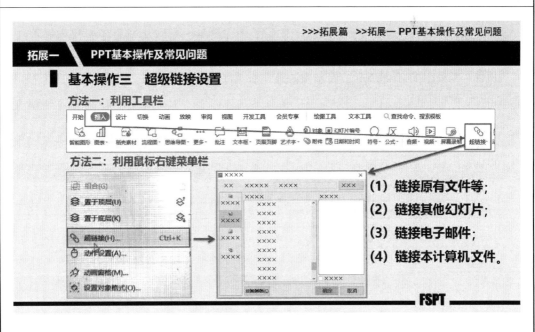

(1) 链接原有文件等;

(2) 链接其他幻灯片;

(3) 链接电子邮件;

(4) 链接本计算机文件。

FSPT

第三部分 拓 展 篇

拓展一　PPT基本操作及常见问题

基本操作四　插入视频音频

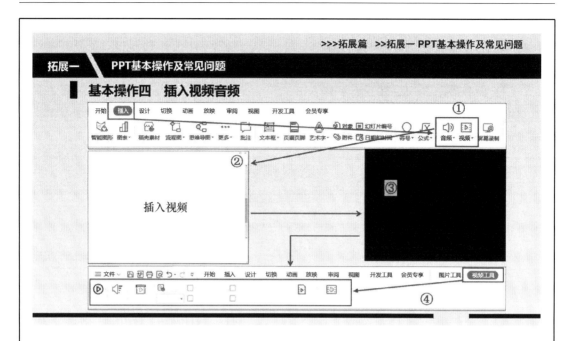

拓展一　PPT基本操作及常见问题

基本操作五　插入公式及特殊符号

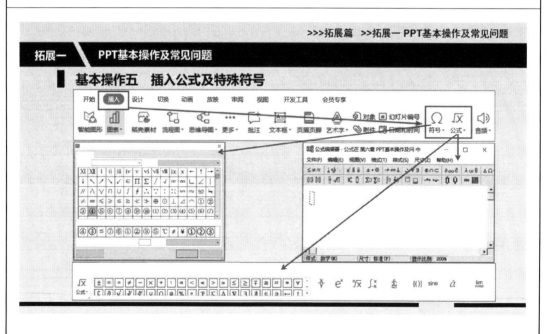

拓展一　　PPT基本操作及常见问题

▌基本操作六　幻灯片切换效果

给幻灯片之间的切换过程添加过渡效果

步骤1： 进入"切换"工具栏后，选择切换效果。

步骤2： 设置切换速度，一般默认即可。

注意1： 切换效果一般逐个页面设置，不选择工具栏右侧的"应用到全部"。

注意2： 越正式的演讲场合，切换效果用得越少。

FSPT

拓展一　　PPT基本操作及常见问题

▌基本操作七　幻灯片背景设计

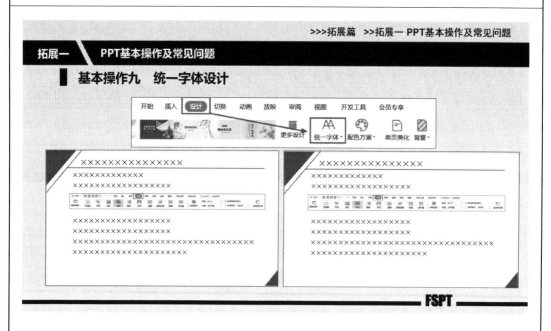

拓展一　PPT基本操作及常见问题

基本操作十　幻灯片母版设计

打开母版的方法一：利用"设计"菜单　　　打开母版的方法二：利用"视图"菜单

（1）设置该PPT标题样式；

（2）设置该PPT文本样式；

（3）给所有页面添加点缀；

（4）添加时间、页面等；

（5）划分PPT功能区域等；

母版样式设置完成后，对该PPT所有页面生效。

FSPT

拓展一　PPT基本操作及常见问题

基本操作十一　添加动画效果

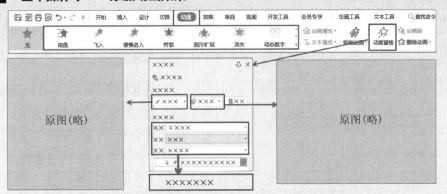

注意：添加动画前，首先选择要添加动画的对象，如文字、图形等。

FSPT

拓展一 PPT基本操作及常见问题

基本操作十二 排练计时使用

如果演讲需要控制时间，在练习时可用"排练计时"，即启动"排练计时"后，PPT进入放映状态，然后在左上角出现PPT的总放映时间和当前页放映时间

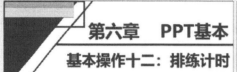

当放映结束后，会弹出一个提示，这时一般选择"否"。

FSPT

拓展一 PPT基本操作及常见问题

基本操作十三 备注栏的使用

演讲时忘记演讲词怎么办？可利用备注栏备注内容。

如果演讲场合有两台显示器，演讲者的显示器上可直接显示备注词。

原图（略）

备注栏在幻灯片页面的下方，如左图下方的方框位置所示。直接输入文字即可，如果文字比较多，可以向上拖动。

FSPT

拓展一　PPT基本操作及常见问题

■ 基本操作十四　对齐方式使用

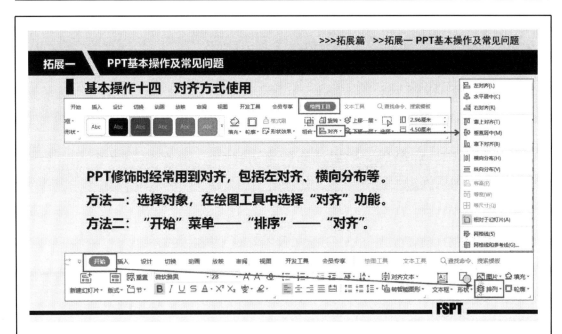

PPT修饰时经常用到对齐，包括左对齐、横向分布等。

方法一：选择对象，在绘图工具中选择"对齐"功能。

方法二："开始"菜单——"排序"——"对齐"。

拓展一　PPT基本操作及常见问题

■ 基本操作十五　多个对象组合

当需要对多个处理对象（如多张图片、框图等）进行统一处理时，可以将这些对象"组合"成一个整体，提供两种操作方法。

方法一：选择所有对象，在鼠标右键菜单中选择"组合"。

方法二：选择对象，"开始"菜单——"排序"——"组合"。

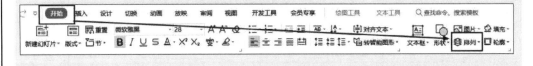

拓展一   PPT基本操作及常见问题

基本操作十六   多个对象叠放次序设置

当多个对象有重叠、遮盖等问题时，可改变前后排放顺序。

方法一：鼠标单击图片，在弹出的工具条中选"叠放次序"。

方法二：选择对象，"开始"菜单——"排序"——相关操作。

方法三：选择对象，进入"绘图工具"菜单，选择相关操作。

FSPT

拓展一   PPT基本操作及常见问题

基本操作十七   给图片等添加边框

PPT中的图片需要加边框，选择对象后直接选择"绘图工具"中"边框"。

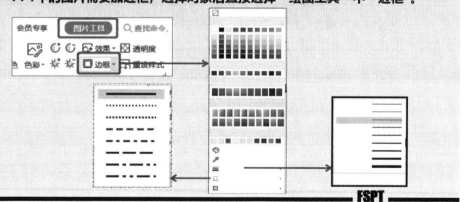

FSPT

拓展一　　PPT基本操作及常见问题

▊ 基本操作十八　灵活插入多种图形

如设计者自行设计简单图形，可从PPT自带图形中插入，然后再处理美化。

方法：进入"插入"菜单——"形状"。

图片（略）

拓展一　　PPT基本操作及常见问题

▊ 基本操作十九　设置文本或形状的效果

给文字或图形等添加阴影、倒影等艺术效果，当然该效果一般少用为好。

拓展一　　PPT基本操作及常见问题

基本操作二十　给文本添加项目符号

进入"文本工具"工具栏，选择"有序符号"或"无序符号"。

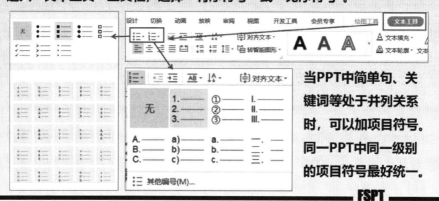

当PPT中简单句、关键词等处于并列关系时，可以加项目符号。同一PPT中同一级别的项目符号最好统一。

FSPT

拓展一　　PPT基本操作及常见问题

问题解答一　　PPT模板和素材下载需要收费，这是为什么？

要高效设计PPT，借鉴模板是必须要学会的方法。互联网上也有很多PPT模板网站供大家下载，但为了保障模板设计者的权益，有些模板是收费的，当然也有免费的模板。一般情况下，收费的PPT模板的设计效果会好一些。

试想，如果你也能设计PPT模板，是否也可以自行设计PPT模板发布到这些网站，获取稿酬？

FSPT

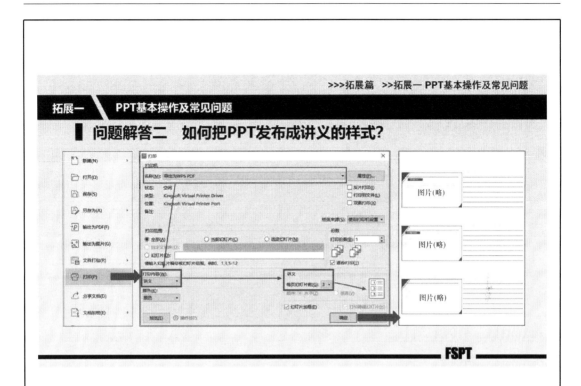

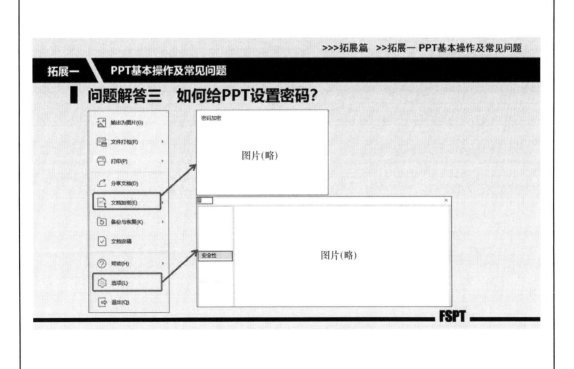

拓展二　PPT案例点评与优化设计

 内容结构

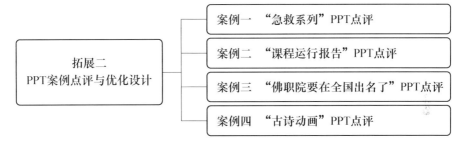

拓展二
PPT案例点评与优化设计

案例一　"急救系列"PPT点评

案例二　"课程运行报告"PPT点评

案例三　"佛职院要在全国出名了"PPT点评

案例四　"古诗动画"PPT点评

 学习目标
- ◆ 了解PPT设计常见问题，然后在自己设计PPT时避免这些问题。

 学习建议
- ◆ 选择自己已设计PPT作品，先自我查找问题，并列出每个页面可能是问题的地方。
- ◆ 学习完拓展二的内容后，再回头反思你自己的PPT作品，然后针对问题进行完善。

 学前热身

有时候我们很难发现自己作品的问题，所以，我们也可以跟同学互换作品，相互指出对方作品中不够完美的地方，并给出完善建议，然后彼此交流。

_____

_____

_____

_____

_____

_____

_____

_____

_____

拓展二是针对学生设计的PPT作品，提出修改意见和注意事项。

首先明确三点：第一、只有多学习、多设计作品才能提高技能；第二、每次设计都要避免前一次的错误；第三、如果每次设计时，同样问题依然存在，则以后改掉的可能性会越来越小。

首先来看第一个案例"急救系列"PPT，该案例侧重于锻炼学生文字图形化技能，这里只选择部分PPT页面中比较突出的问题来说明。

左侧PPT是这个案例的说明，先了解下。

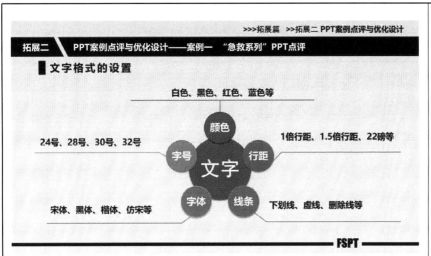

第一类问题：文字格式设置问题。

在设计 PPT 时，不是把文字放到 PPT 页面上就行了，而是要对文字的格式进行精细设置，让文字适合 PPT 页面。

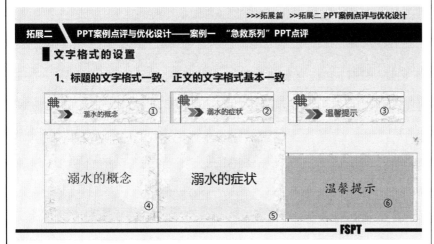

同一个 PPT 中，处于同一位置的文字格式最好相同，如同一级标题中的文字格式相同，正文内容中的文字格式在空间充足的情况下最好保持格式相同，至少字体要相同。

如左侧中 PPT，不同页面的文字格式相差较大，不合理。

同一 PPT 中，行距最好保持一致，不能有的页面是 1 倍行距，有的页面是 1.5 倍行距。

在空间充足的情况下，最好行距大一点，也利于观众看清文字内容。

关于 PPT 中的文字字号，一般选择 24 ~ 32，不管什么场合，建议不要小于 24 号。

可以根据演讲场所的大小、观众规模来设定字号。

左侧 PPT 中显示的同一 PPT 中出现了多个字号和字体，不规范。

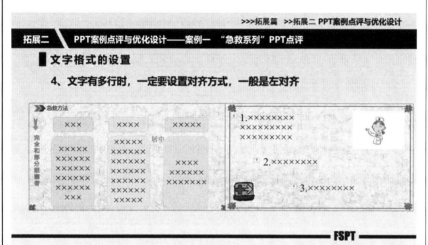

文字有多行时，要考虑对齐方式，如果不对齐，会比较乱。

如左侧 PPT，文字放的位置没有章法，可进行对齐设置，另外也要调整文字位置，顶部是放标题的，不是放内容的。

原则：上留天下留地。

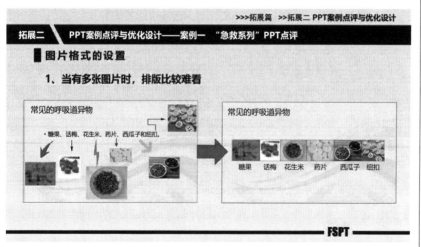

第二类问题：图片格式的设置。

图片比较多时，要考虑图片的排版，也要遵循一定规律，如图片平均分布，图片不能放到标题区域，要对图片格式进行设置，如边框、边框颜色、位置、大小、效果等。另外，图片不要变形，在放大或缩小时要注意这个问题。

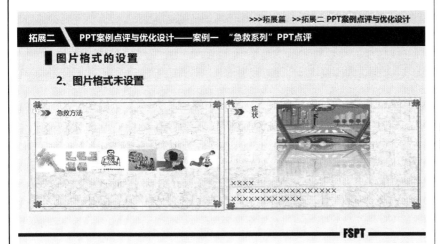

左图也是图片格式未设置的案例，会导致PPT画面感很差。

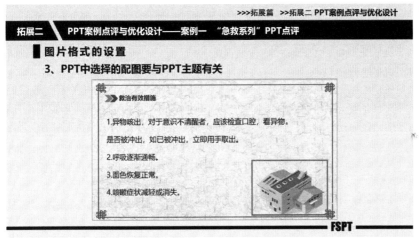

设计PPT可借鉴模板，但模板中的一些元素一定要与你的主题相近，或者重新添加这些元素，如左侧PPT是讲解救治措施的，但PPT右下角的元素是一座楼房，这显然与主题不搭。

PPT中的点缀元素会"说话"，一定要与主题所要表达的内容相近。

第三类问题：动画设置方面的问题。

设计PPT先学会套用模板，但要对模板已有设置进行取舍。如左侧PPT页面中，模板自带动画效果，但如果PPT中不需要这些动画时，需要删除，以免打乱你的演讲逻辑。

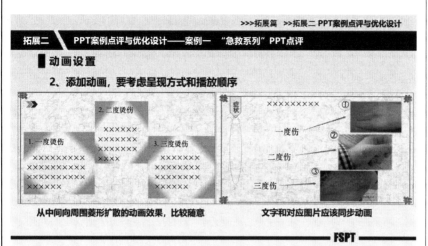

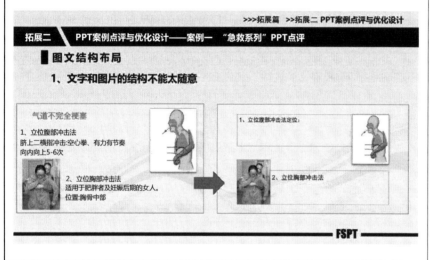

PPT 中的动画效果很多，在设置时要考虑动画的进入或退出效果能否满足演讲者的需要，在触发时会不会太突然。

另外，如果文字和图片有一一对应关系，需要同时触发动画，如左侧 PPT 页面的第二个案例的动画就不合适，文字和对应图片的动画时间没有同时启动。

第四类问题：图文结构布局问题，就是 PPT 中文字和图片的相互位置。

左侧 PPT 案例中，第一个页面中文字和图片的布局比较随意，经过修饰后，第二个页面中文字和图片的对应关系就比较清晰了，而且 PPT 的上下左右都有留空，增强视觉效果。

左侧 PPT 的两个案例中的文字和图片的位置比较随意和凌乱，这种 PPT 是不能用的。一般在图文布局时会选择两种布局结构：左右结构和上下结构，并利用好"对齐"功能。

另外，当一页 PPT 无法显示内容时可拆成两页，避免一页的 PPT 演示时间过长。

整体看一个 PPT 作品，图文布局的结构如果只有一种，会比较单调，可以灵活地交叉使用多种布局，也可以用线条进行分割页面。

建议：多找一些 PPT 模板，自行总结 PPT 图文布局结构。

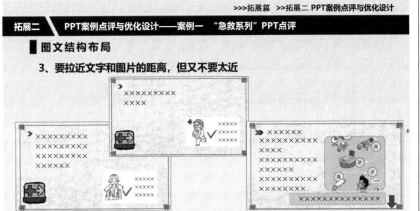

左侧 PPT 页面也是典型的图文布局的问题案例，文字和图片的距离较大或较小，导致页面太过松散或密集，视觉效果不好。

左侧案例的问题既是图文布局问题，也是模板借鉴问题。前面内容曾讲过，当借鉴模板时，原模板中的一些点缀或图形一定要与当前的主题对应。

如主题是"气道异物梗阻急救"，但 PPT 页面中的点缀是美食，这明显不合适。

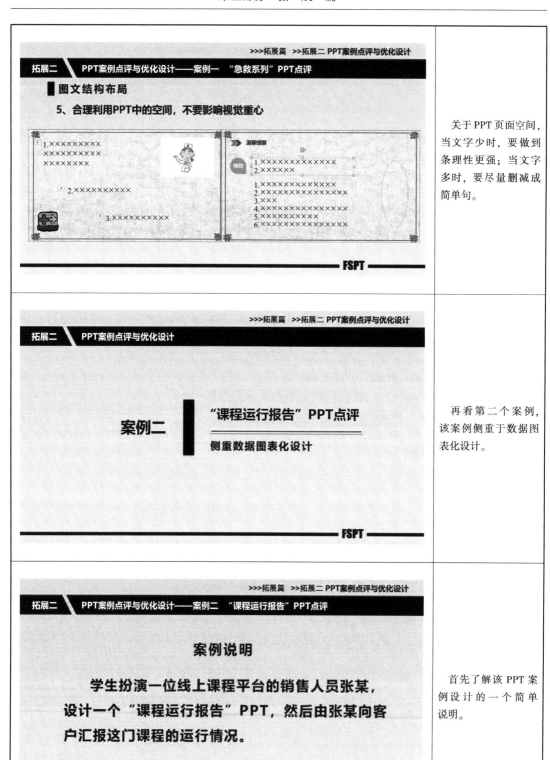

关于 PPT 页面空间，当文字少时，要做到条理性更强；当文字多时，要尽量删减成简单句。

再看第二个案例，该案例侧重于数据图表化设计。

首先了解该 PPT 案例设计的一个简单说明。

第一类问题：PPT 整体色调的控制不够好。

左侧 PPT 的问题是：一级标题是黑色，二级标题是红色，表格左列底纹是蓝色、文字是白色，表格右列底纹是灰白相间、文字是黑色。

同一页 PPT 中出现了黑、红、蓝、白、灰等多种颜色，在演示时效果会很差。

注：颜色说明仅为讲解 PPT 色调，黑白印刷，无法在书中看出，全书同。

整个 PPT 的色调一般是通过点缀、边框、PPT 底色等元素来体现，左侧案例中的整体色调是蓝色，但右上方的横线是灰色，这就导致色调有点乱，不统一。

左侧案例中，图表的底纹颜色（灰色）及解析文字（黑色）的底纹颜色（灰色）均与整个 PPT 的主色调（蓝色）不一致。

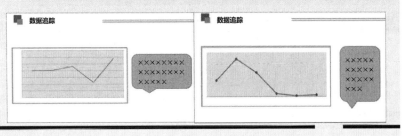

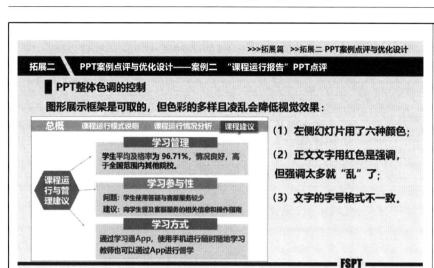

不仅同一页 PPT 中颜色不宜超过三种，整个 PPT 的颜色最好也不要超过三种。

左侧 PPT 作品的颜色有红色、黑色、橙色、黄色、淡绿、灰色等，比较乱。

颜色种类多，不仅给设计带来麻烦，也没有让 PPT 的效果更好。

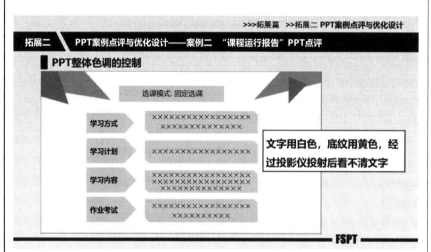

左侧 PPT 案例的颜色搭配是失败的，颜色错用导致文字与底纹对比度下降。

文字是白色，底纹是黄色，当 PPT 被投影后，观众基本看不清文字，这也是 PPT 设计最低级的错误。

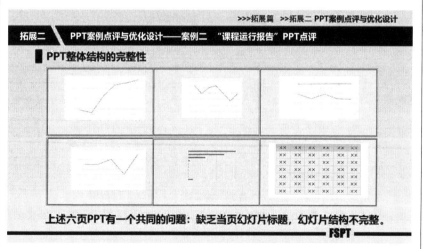

第二类问题：PPT 结构的完整性问题。

左侧 PPT 的六个页面都有一个共同问题：每一页 PPT 都没有标题。如果在演讲时，观众甚至不明白该页面说明什么问题，或者如果观众走神再回头看 PPT 时，可能都不知道该页面是属于哪一部分的。所以，页面标题很重要，是 PPT 结构化的体现。

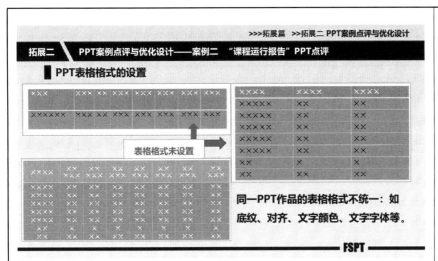

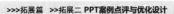

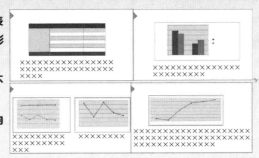

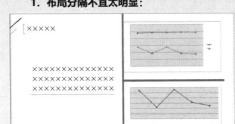

第三类问题：PPT表格格式问题。

左侧 PPT 案例中三个表格的问题分别是：

左上方表格，单元格中文字对齐方式未设置（建议选择居中对齐），颜色对比度不高。

左下方表格，文字是白色，底纹是灰色和浅蓝色，对比度不高。

右上方表格，单元格中的对齐方式未设置（建议为居中对齐），颜色对比度不高。

当用图片形式呈现表格时，需要注意的是图片不要变形，一旦变形，视觉效果比较差。

另外，在前面章节中曾讲过图表的解读四步法，这些解读一般是由演讲者表达出来的，所以，在 PPT 中最好不要陈述太多文字，如左下 PPT。

第四类问题：PPT结构布局问题。

可以用线条对 PPT 页面进行分割，但分割后不能让 PPT 的视觉重心发生严重偏移。左侧 PPT 案例中，线条把页面分成了三块，视觉重心明显偏向右侧。

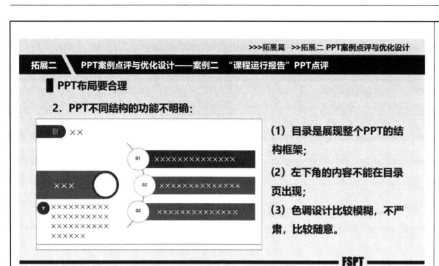

目录页只展示目录标题即可，不需要对某个标题的含义进行文字解释。

如果有必要对整个目录进行解释，可以由演讲者用语言来表达。

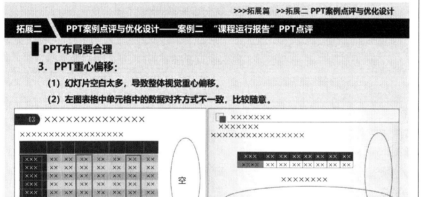

左侧两个 PPT 页面案例的问题比较明显，也做了标记。请你在下面写出至少三个问题：

（1）_____。

（2）_____。

（3）_____。

>>>拓展篇　>>拓展二 PPT案例点评与优化设计

| 拓展二 | PPT案例点评与优化设计——案例二　"课程运行报告" PPT点评 |

■ PPT布局要合理

4. PPT主题无关元素过于明显：

幻灯片中与主题无关的元素占用空间较多，本是点缀，但成了PPT的累赘。

左侧 PPT 页面存在的问题在前面也曾讲过，请你写出至少四个问题：

（1）_____。

（2）_____。

（3）_____。

（4）_____。

FSPT

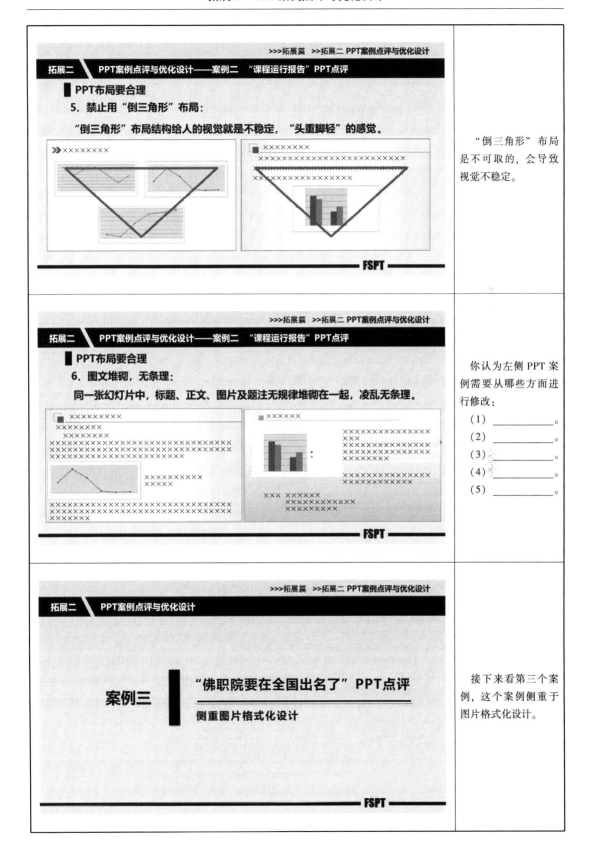

>>>拓展篇　>>拓展二 PPT案例点评与优化设计

拓展二　PPT案例点评与优化设计——案例二　"课程运行报告"PPT点评

PPT布局要合理

　5. 禁止用"倒三角形"布局：

　　"倒三角形"布局结构给人的视觉就是不稳定，"头重脚轻"的感觉。

FSPT

"倒三角形"布局是不可取的，会导致视觉不稳定。

>>>拓展篇　>>拓展二 PPT案例点评与优化设计

拓展二　PPT案例点评与优化设计——案例二　"课程运行报告"PPT点评

PPT布局要合理

　6. 图文堆砌，无条理：

　　同一张幻灯片中，标题、正文、图片及题注无规律堆砌在一起，凌乱无条理。

FSPT

你认为左侧PPT案例需要从哪些方面进行修改：

（1）＿＿＿＿＿。

（2）＿＿＿＿＿。

（3）＿＿＿＿＿。

（4）＿＿＿＿＿。

（5）＿＿＿＿＿。

>>>拓展篇　>>拓展二 PPT案例点评与优化设计

拓展二　PPT案例点评与优化设计

案例三　**"佛职院要在全国出名了"PPT点评**

侧重图片格式化设计

FSPT

接下来看第三个案例，这个案例侧重于图片格式化设计。

>>>拓展篇　>>拓展二 PPT案例点评与优化设计

拓展二　　PPT案例点评与优化设计——案例三　"佛职院要在全国出名了" PPT点评

案例说明

微信圈有篇"佛职院要在全国出名了"，让学生以佛职院主人翁的身份把它设计成PPT，既宣传了学校，又强化了PPT中图片格式化技能。

FSPT

首先了解该案例的简单说明。

>>>拓展篇　>>拓展二 PPT案例点评与优化设计

拓展二　　PPT案例点评与优化设计——案例三　"佛职院要在全国出名了" PPT点评

▌PPT布局要合理

下图中没有充分利用PPT空间，空白比较多，不仅浪费空间，也不美观。

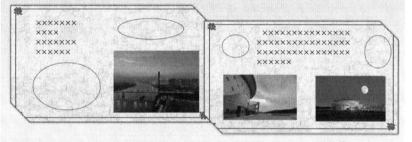

FSPT

该案例中出现的问题跟前面讲的案例相似，在此不再详细阐述。

首先是 PPT 页面的布局问题，这个案例在前面讲过，没有合理利用空间，没有对页面进行细节美化。

>>>拓展篇　>>拓展二 PPT案例点评与优化设计

拓展二　　PPT案例点评与优化设计——案例三　"佛职院要在全国出名了" PPT点评

▌PPT布局要合理

经过简单的调整修饰，两张幻灯片可以美化成如下所示效果：

FSPT

前一页 PPT 案例经过简单处理后，PPT 页面明显好很多。

左侧页面：左右布局，字体为微软雅黑，图片加投影效果。

右侧页面：上下布局，字体为微软雅黑，图片加投影效果。

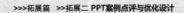

PPT图片墙的设计

在展示多张图片时，图片墙是可取的，但图片的选取和位置摆放有讲究：选取最有代表性的图片；把重点展示的图片要放在中心或黄金分割点位置。

当图片比较多时，可以设置成图片墙，这时要注意两点：

（1）每张图片需要加一个明显边框，划分明显边界；

（2）重要图片要突出，包括清晰度、位置、大小等。

PPT对比度、清晰度问题

文字颜色和背景颜色相近，这是个通病，在创作时，多站在观众的角度想想：这样设计是否合适？

左侧PPT主要是关于对比度的问题：文字看不清、图片模糊、图片位置乱放。

在设计PPT时，要时刻提醒自己，这样设计观众能看清吗？

PPT对比度、清晰度问题

问题1：文字的位置随意。　　问题3：无"天"无"地"。

问题2：图片乱，无格式、无对齐。　问题4：文字和背景颜色相近，对比度低。

左侧几个PPT页面的问题更多，在已经列出的四个问题的基础上，结合之前讲过的问题类型，你还能发现什么问题，写下来：

（1）＿＿＿＿＿。

（2）＿＿＿＿＿。

（3）＿＿＿＿＿。

（4）＿＿＿＿＿。

（5）＿＿＿＿＿。

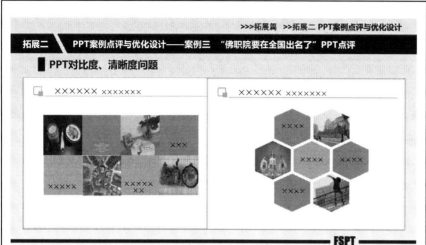

左侧案例的问题：

（1）文字字号小；

（2）文字和图片的一一对应关系没体现；

（3）图片变形；

（4）PPT页面没有二级标题，页面内容模糊；

（5）文字和背景底纹的对比度低；

（6）文字在色块中的位置不合理，建议居中。

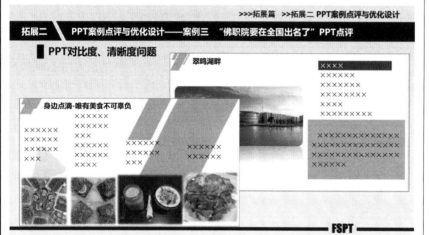

练习一：请写出左侧案例中的问题：

（1）＿＿＿＿＿＿＿。

（2）＿＿＿＿＿＿＿。

（3）＿＿＿＿＿＿＿。

（4）＿＿＿＿＿＿＿。

（5）＿＿＿＿＿＿＿。

（6）＿＿＿＿＿＿＿。

练习二：请写出左侧案例中的问题：

（1）＿＿＿＿＿＿＿。

（2）＿＿＿＿＿＿＿。

（3）＿＿＿＿＿＿＿。

（4）＿＿＿＿＿＿＿。

（5）＿＿＿＿＿＿＿。

（6）＿＿＿＿＿＿＿。

接下来是第四个案例，该案例侧重逻辑动画化设计。

该案例旨在设计一个卷轴自动打开，同时显示出一首古诗的效果。

问题1：动画添加后，轴和画布同时播放的持续时间不一致；
问题2：先播动画（画轴）和后播动画（古诗）的先后顺序设置有误。

这里主要说容易出错的两个问题。

第一、卷轴和画布的动画触发后所持续的时间必须相同，否则会出现卷轴打开了，但古诗未显示完，或者卷轴未打开，但古诗已经显示了等问题。

第二、动画的效果选择及先后顺序问题。

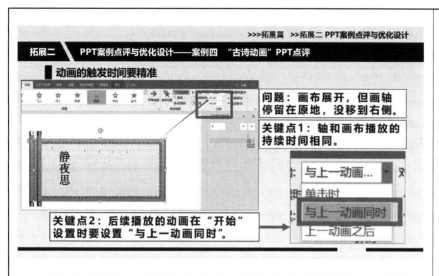

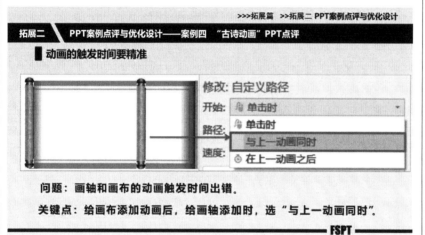

左侧 PPT 是设置动画及触发时间的关键设置。当然不同版本的 PPT 软件可能设置的位置不同。

关于动画触发时间的设置，也要根据效果的需要进行针对性设置，如卷轴从中间向两边展开的效果与卷轴只向一边展开的效果在触发时间设置时就存在差异。

拓展三　其他类型 PPT 结构

内容结构

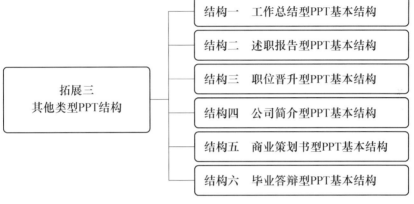

拓展三
其他类型PPT结构

- 结构一　工作总结型PPT基本结构
- 结构二　述职报告型PPT基本结构
- 结构三　职位晋升型PPT基本结构
- 结构四　公司简介型PPT基本结构
- 结构五　商业策划书型PPT基本结构
- 结构六　毕业答辩型PPT基本结构

学习目标

◆　了解日常工作和生活中常见 PPT 的基本结构。

学习建议

◆　自己选择一个主题，如介绍你想入职的公司，参考给出的 PPT 基本结构，设计一个公司简介类 PPT。

◆　结合生活需求，为社团、班级或学院的某项活动设计一个 PPT 作品。

学前热身

在互联网中，有一些 PPT 模板素材网站，同学们可以从中找到很多优秀的不同类型的 PPT 模板，也可参考这些模板中的栏目为自己的 PPT 服务，然后同学之间相互学习和交流。

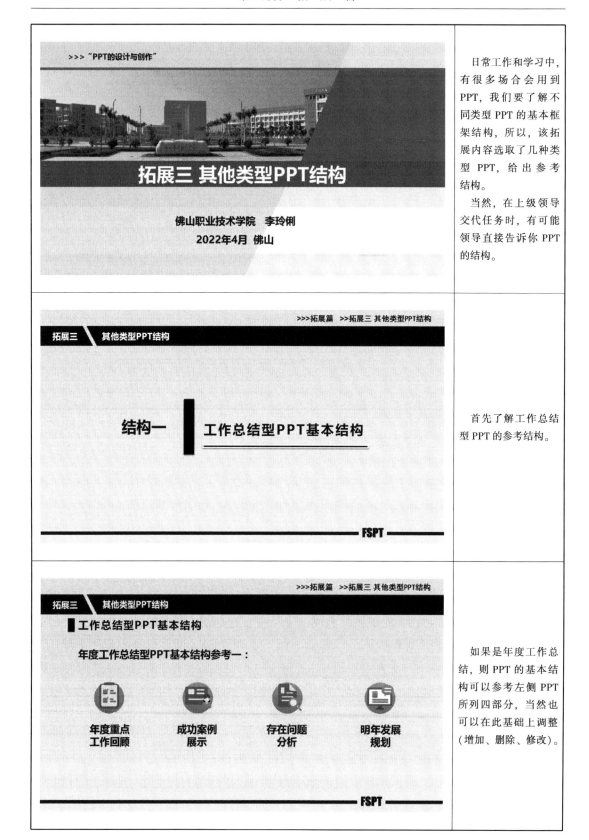

>>> "PPT的设计与创作"

拓展三 其他类型PPT结构

佛山职业技术学院　李玲俐
2022年4月　佛山

日常工作和学习中，有很多场合会用到PPT，我们要了解不同类型 PPT 的基本框架结构，所以，该拓展内容选取了几种类型 PPT，给出参考结构。

当然，在上级领导交代任务时，有可能领导直接告诉你 PPT 的结构。

>>>拓展篇　>>拓展三 其他类型PPT结构

拓展三　其他类型PPT结构

结构一　**工作总结型PPT基本结构**

FSPT

首先了解工作总结型 PPT 的参考结构。

>>>拓展篇　>>拓展三 其他类型PPT结构

拓展三　其他类型PPT结构

■ **工作总结型PPT基本结构**

年度工作总结型PPT基本结构参考一：

年度重点工作回顾　**成功案例展示**　**存在问题分析**　**明年发展规划**

FSPT

如果是年度工作总结，则 PPT 的基本结构可以参考左侧 PPT 所列四部分，当然也可以在此基础上调整（增加、删除、修改）。

>>>拓展篇　>>拓展三 其他类型PPT结构

拓展三　其他类型PPT结构

■ 工作总结型PPT基本结构

年中工作总结型PPT基本结构参考二：

上半年
工作回顾　　工作目标
完成情况　　重点项目
展示　　存在问题与
工作不足　　下半年
工作计划

FSPT

如果是年中工作总结，则 PPT 的基本结构可以参考左侧 PPT 所列五部分，当然也可以在此基础上调整（增加、删除、修改）。

>>>拓展篇　>>拓展三 其他类型PPT结构

拓展三　其他类型PPT结构

■ 工作总结型PPT基本结构

季度工作总结型PPT基本结构参考三：

上季度重点
工作回顾　　工作目标
完成情况　　存在问题与
改进措施　　下季度
工作计划

FSPT

如果是季度工作总结，则 PPT 的基本结构可以参考左侧 PPT 所列四部分，当然也可以在此基础上调整（增加、删除、修改）。

>>>拓展篇　>>拓展三 其他类型PPT结构

拓展三　其他类型PPT结构

结构二　　述职报告型PPT基本结构

FSPT

了解述职报告型 PPT 的参考结构。

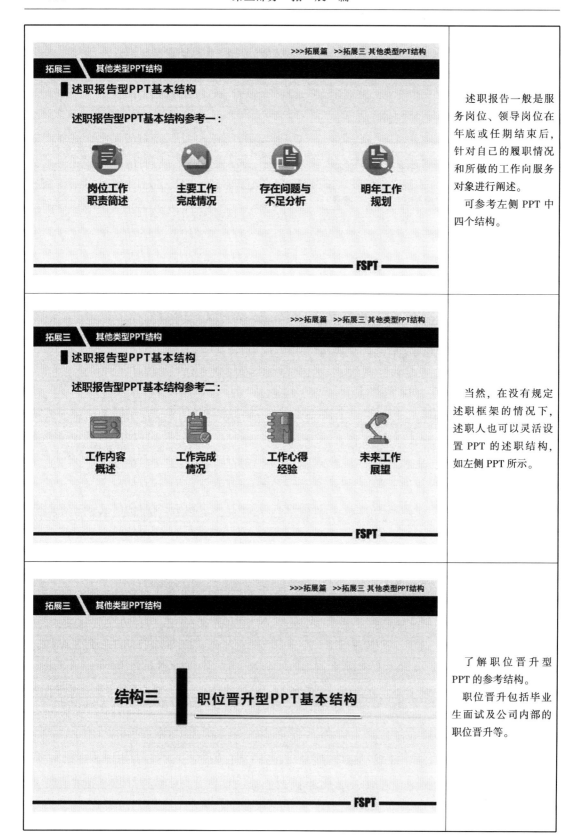

述职报告一般是服务岗位、领导岗位在年底或任期结束后，针对自己的履职情况和所做的工作向服务对象进行阐述。

可参考左侧 PPT 中四个结构。

当然，在没有规定述职框架的情况下，述职人也可以灵活设置 PPT 的述职结构，如左侧 PPT 所示。

了解职位晋升型 PPT 的参考结构。

职位晋升包括毕业生面试及公司内部的职位晋升等。

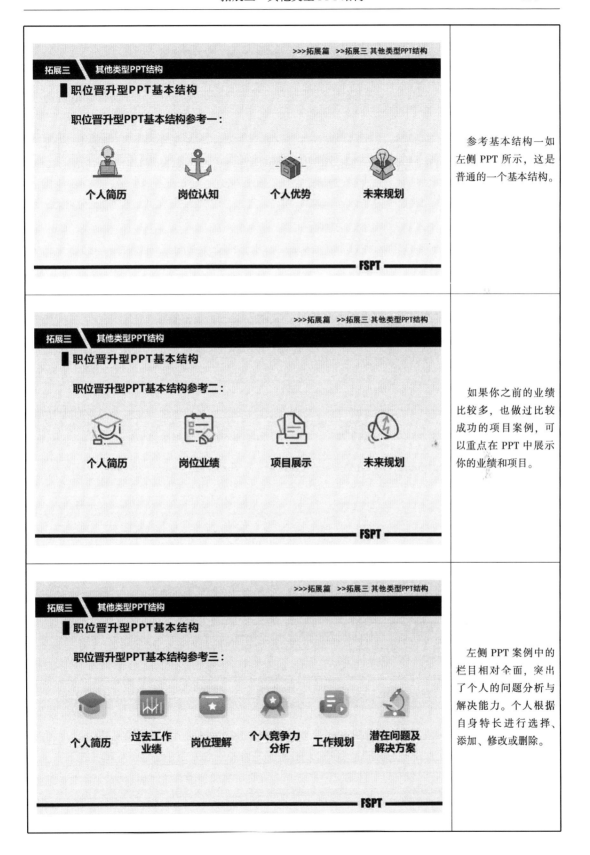

职位晋升型PPT基本结构

职位晋升型PPT基本结构参考一：

个人简历　　岗位认知　　个人优势　　未来规划

参考基本结构一如左侧 PPT 所示，这是普通的一个基本结构。

职位晋升型PPT基本结构

职位晋升型PPT基本结构参考二：

个人简历　　岗位业绩　　项目展示　　未来规划

如果你之前的业绩比较多，也做过比较成功的项目案例，可以重点在 PPT 中展示你的业绩和项目。

职位晋升型PPT基本结构

职位晋升型PPT基本结构参考三：

个人简历　　过去工作业绩　　岗位理解　　个人竞争力分析　　工作规划　　潜在问题及解决方案

左侧 PPT 案例中的栏目相对全面，突出了个人的问题分析与解决能力。个人根据自身特长进行选择、添加、修改或删除。

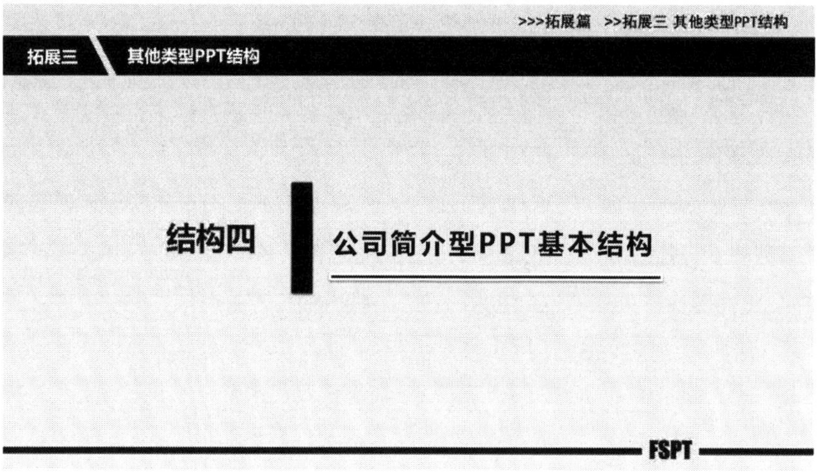

>>>拓展篇　>>拓展三 其他类型PPT结构
拓展三
其他类型PPT结构
结构四
公司简介型PPT基本结构
FSPT

公司简介型 PPT 一般是在公司招聘宣讲、对外交流等场合中使用，同学们了解即可。

当你参加一些公司的宣讲会时，也可以留意公司宣讲 PPT 的结构是怎么设计的。

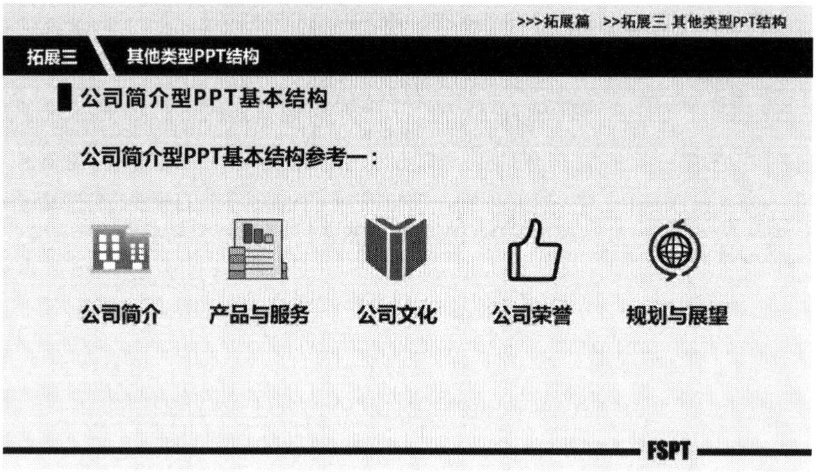

>>>拓展篇　>>拓展三 其他类型PPT结构
拓展三
其他类型PPT结构
公司简介型PPT基本结构
公司简介型PPT基本结构参考一：
公司简介
产品与服务
公司文化
公司荣誉
规划与展望
FSPT

左侧 PPT 是公司之间交流场合的公司简介 PPT 的栏目参考。

>>>拓展篇　>>拓展三 其他类型PPT结构
拓展三
其他类型PPT结构
公司简介型PPT基本结构
公司简介型PPT基本结构参考二：
公司与文化
产品与服务
业绩与荣誉
待遇与晋升
规划与展望
FSPT

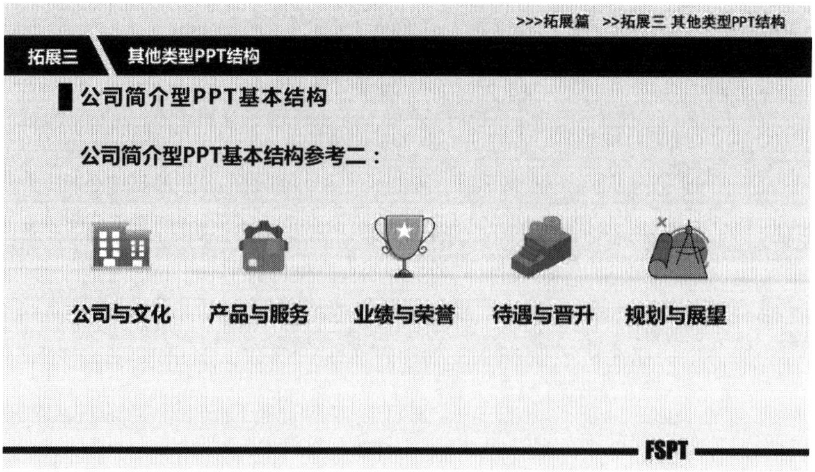

左侧 PPT 是公司招聘宣讲时的公司简介 PPT 的栏目参考。

你还关心公司的哪些方面呢？

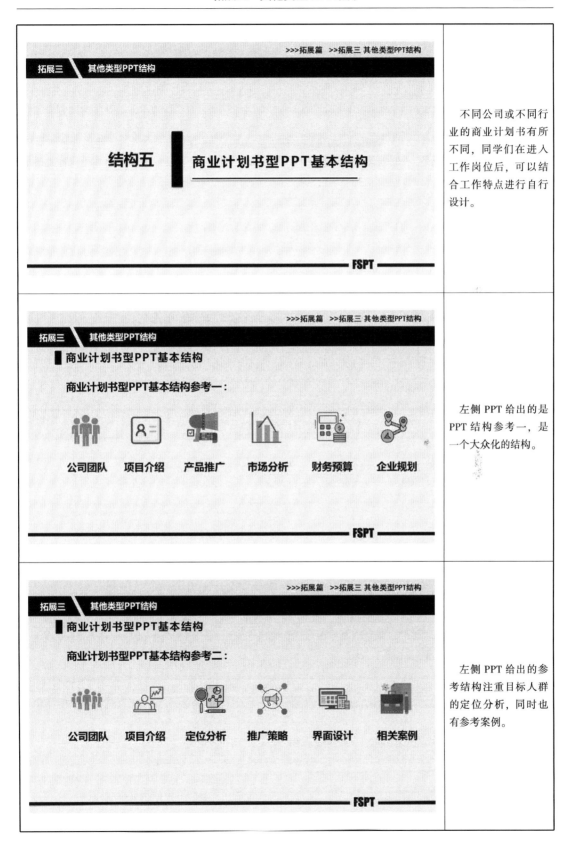

不同公司或不同行业的商业计划书有所不同，同学们在进入工作岗位后，可以结合工作特点进行自行设计。

左侧 PPT 给出的是 PPT 结构参考一，是一个大众化的结构。

左侧 PPT 给出的参考结构注重目标人群的定位分析，同时也有参考案例。

毕业答辩 PPT 应该是所有在校学生都会用到的。读者可以根据自己的选题、方法、过程、结果等内容设置 PPT 栏目，这里提供几个参考。

左侧 PPT 参考框架有五个栏目，突出了项目的关键技术与研究难点。

左侧 PPT 参考框架有四个栏目，是一个大众化的框架。

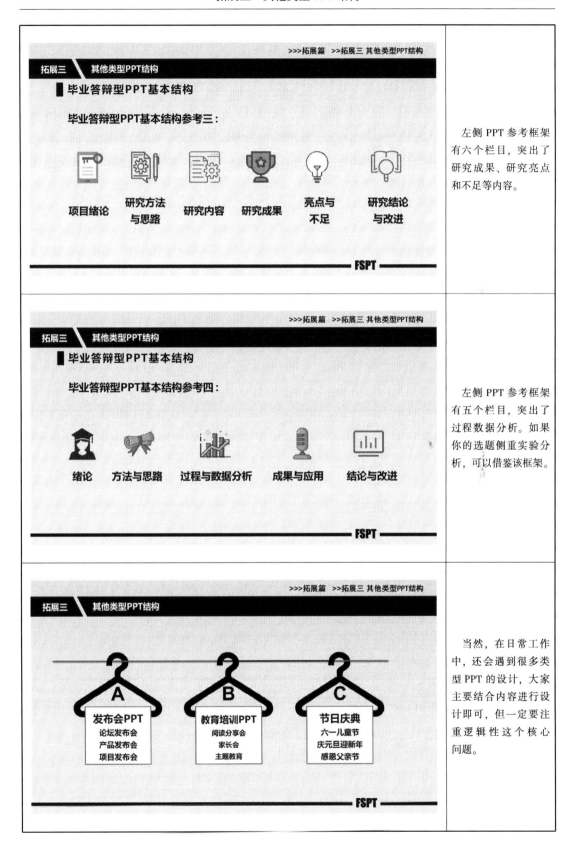

左侧 PPT 参考框架有六个栏目，突出了研究成果、研究亮点和不足等内容。

左侧 PPT 参考框架有五个栏目，突出了过程数据分析。如果你的选题侧重实验分析，可以借鉴该框架。

当然，在日常工作中，还会遇到很多类型 PPT 的设计，大家主要结合内容进行设计即可，但一定要注重逻辑性这个核心问题。

拓展四 PPT综合设计任务

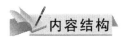

内容结构

学习目标

◆ 运用已学过的 PPT 技术和"四化"设计原则，设计综合性 PPT 作品。

学习建议

◆ 每一个综合设计任务都认真设计，并把设计作品给教师和同学进行评价，好的地方获取赞扬，不足的地方虚心改进。

◆ 每个设计任务都要自行搜索素材、设计逻辑、组织内容与设计优化，确保做到自己心中的最好程度。

综合设计任务一　红色影视剧观后感 PPT 设计

优秀红色影视剧越来越受欢迎，如《地道战》《地雷战》《英雄儿女》《大决战》《永不消逝的电波》《周恩来外交风云》《建国大业》《建党伟业》《辛亥革命》《长津湖》《战狼》《我的战争》《觉醒年代》《理想照耀中国》等，每一部影视都是青少年开展爱国主义教育、党史教育的好题材。相信你也看过一些经典的影视作品，请选择一部影视剧，用 PPT 的形式展示你的观后感。设计要求如下：

（1）自行选择影视作品；

（2）PPT 页面注重图文布局设计，强化图片格式化的设计方法；

（3）PPT 具有完整的结构，页数不超过 15 页；

（4）作品完成后，根据教师要求在课堂上进行答辩演示，参与评分；

（5）任务完成时间，1 周。

综合设计任务二　垃圾分类公益宣传 **PPT** 设计

　　垃圾分类是将垃圾按可回收再利用和不可回收的方法进行分类。垃圾分类有四种，分别是：可回收物、厨余垃圾、有害垃圾、其他垃圾。不同的垃圾需要分开处理，以此减少对自然环境的破坏，还能更高效地进行资源回收利用，实现资源的循环再生。垃圾分类任重道远，推进程度受到多个因素影响，包括公民意识、知识宣传、基础设施建设等。为了推进社会文明建设，大家以"垃圾分类"为主题，自拟选题，设计一个公益宣传 PPT，该任务的要求不限，请大家将在本书中学到的所有技能都用到任务中，做出一个让自己满意的作品。

参 考 文 献

[1] 仝德志，揭秘 PPT 真相［M］.北京：电子工业出版社，2020.

[2] 李治.别告诉我你懂 PPT［M］.北京：北京大学出版社，2013.

[3] 邵云蛟.PPT 设计思维：教你又好又快搞定幻灯片［M］.北京：电子工业出版社，2021.

[4] 缪亮，范立京.让课堂更精彩！精通 PPT 课件设计与制作［M］.北京：清华大学出版社，2018.

[5] 回航.从平凡到非凡：PPT 设计蜕变［M］.北京：中国水利水电出版社，2021.

[6] 武丽志，陈小兰.毕业论文写作与答辩［M］.北京：高等教育出版社，2020.

[7] 彭青和.走近挑战杯——全国"挑战杯"大学生课外学术科技作品竞赛哲学社会科学类参赛指南［M］.北京：北京航空航天大学出版社，2021.

[8] 杨昱婷.说课的艺术［M］.北京：知识出版社，2020.

[9] 田楠.PPT 演讲　这么做就对了［M］.山西：北岳文艺出版社，2021.

[10] 秋叶，陈陟熹.和秋叶一起学 PPT［M］.北京：人民邮电出版社，2020.

[11] 姚锰.职场牛人的 PPT 逻辑、设计、版式与演说［M］.北京：北京希望电子出版社，2012.

[12] 张博.好的 PPT 会说话：如何打造完美幻灯片［M］.北京：人民邮电出版社，2021.

冶金工业出版社部分图书推荐

书　名	作　者	定价(元)
电力电子技术项目式教程	张诗淋，杨悦，李鹤，赵新亚	49.90
电工基础及应用项目式教程	张诗淋，陈健，姚箫箫，赵新亚	49.90
供配电保护项目式教程	冯丽，李鹤，赵新亚，张诗淋，李家坤	49.90
电子产品制作项目式教程	赵新亚，张诗淋，冯丽，吴佩珊	49.90
传感器技术与应用项目式教程	牛百齐	59.00
自动控制原理及应用项目式教程	汪勤	39.80
电子线路 CAD 项目化教程——基于 Altium Designer 20 平台	刘旭飞，刘金亭	59.00
物联网技术基础及应用项目式教程（微课版）	刘金亭，刘文晶	49.90
5G 基站建设与维护	龚猷龙，徐栋梁	59.00
机电一体化专业骨干教师培训教程	刘建华等	49.90
电气自动化专业骨干教师培训教程	刘建华等	49.90
太阳能光热技术与应用项目式教程	肖文平	49.90
电机与电气控制技术项目式教程	陈伟，杨军	39.80
物联网技术与应用——智慧农业项目实训指导	马洪凯，白儒春	49.90
Windows Server 2012 R2 实训教程	李慧平	49.80
西门子 S7-1200/1500PLC 应用技术项目式教程	张景扩，李响，刘和剑等	49.90
智能控制理论与应用	李鸿儒，尤富强	69.90
虚拟现实技术及应用	杨庆，陈钧	49.90
车辆 CarSim 仿真及应用实例	李茂月	49.80
现代科学技术概论	宋琳	49.90
Introduction to Industrial Engineering 工业工程专业导论	李杨	49.00
合作博弈论及其在信息领域的应用	马忠贵	49.90
模型驱动的软件动态演化过程与方法	谢仲文	99.90
财务共享与业财一体化应用实践——以用友 U810 会计大赛为例	吴溥峰等	99.90